2주 만에 다녀오는

산티아고 프리미티보

2주 만에 다녀오는

산티아고 프리미티보

김지상 지음

미래문화사
MIRAE

Camino primitivo

책을 내며

스페인 팜플로나에 교환학생으로 머물던 2014년 가을 어느 날, 구시가지 근처에 위치한 공원에서 커다란 배낭을 짊어진 한 한국인을 보았다. 나에겐 그저 동네 공원에 불과했던 그곳에서, 작은 태극기까지 가방에 달아가며 힘겹게 발걸음을 옮기는 그의 모습은 이질적인 것을 넘어 숭고하게까지 느껴졌다. 산티아고 순례길이라는 게 아직은 국내에 널리 알려져 있지 않던 그 시절, 이 길을 걷기 위해 진짜 한국에서 오는 사람도 있구나, 그저 많이 놀랐던 것 같다. 4년 뒤 그게 자기 모습이 될 줄은 전혀 몰랐다.

다니던 직장을 관둔 후, 앞으로 삶의 방향을 어떻게 잡아야 할지 고민할 시간이 필요했다. 차분하게 걸으면서 생각을 하고 싶었고, 가장 먼저 떠오른 게 산티아고 순례길이었다. 여유시간이 채 보름 정도밖에 없었던 나는 원래는 프랑스 길의 후반부를 걸을 예정이었다. 그러나 프랑스 길을 완주한 친구가 말하길, 분명 걷지 못한 전반부에 대한 미련이 크게 남을 것이라는 말에 완주가 가능한 다른 루트를 찾아보게 되었고, 2주 안팎으로 끝낼 수 있는 프리미티보 길을 알게 되었다.

당시 내 주위에는 이 생소한 길을 걸었던 사람이 아무도 없었고, 하물며 인터넷으로 이 순례길에 대한 정보를 구하는 것도 쉽지 않았다. 한글로 된 가이드는 당연히 없었고, 짧은 스페인어 실력으로 원어 후기를 보면서 모든 것을 준비해야 했다. 그럼에도 불구하고 프리미티보를 선택하기까지는 많은 고민이 필요하지 않았으며, 돌아본 이 시점에도 올바른 선택이었다고 생각한다. 프리미티보 길만큼 특색과 매력이 있는 길은 단언컨대 없기 때문이다.

프리미티보는 수많은 순례길 중에서 가장 정통성 있는 길이다. 9세기경 아스투리아스 왕국의 알폰소 2세가 걸었던 이 길은 절반 이상의 순례자들이 걷는 프랑스 길을 포함해 모든 갈래의 카미노(순례길)보다 오랜 역사를 가지고 있다. 비록 많은 이들이 선택하는 루트가 아닐지라도, 역사적 정통성이 담겨 있는 길을 걷는 행위는 굉장한 만족감과 자부심을 준다.

또한 가장 힘든 길이기도 하다. 물론 320km 정도의 프리미티보 길은 800km에 육박하는 프랑스 길, 북쪽 길, 1000km의 은의 길 등과 비교해 현저하게 짧은 루트이다. 하지만 프리미티보 길은 쉴 새 없이 산을 오르내리며 지평선을 쉽게 허락하지 않는다. 대부분의 가이드에서도 산티아고 순례길 중 가장

난도가 높은 경로로 이 길을 꼽고 있다. 산티아고 대성당 앞에 도착했을 때 느끼게 되는 감동과 성취감은 절대로 더 먼 곳에서부터 걸어온 이들에 비해 모자라지 않을 것이다.

하지만 무엇보다 프리미티보 길이 매력적인 이유는, 힘든 만큼이나 매우 아름다운 길이기 때문이다. 아스투리아스와 갈리시아의 높은 산들은 육체적 고통을 항상 숨 막히는 경치로 보상해준다. 사진으로 담아내기 어려운, 평탄하기만 했더라면 결코 보지 못했을 풍경들이다. 진흙길 끝에 나온 티네오, 프리미티보 길에서 가장 높은 곳을 지났던 오스피탈레스, 산골짜기에 자리 잡은 살리메 댐 등은 아무리 오랜 시간이 흘러도 머릿속에서 지워지지 않을 것 같다.

책을 쓰려고 이 여정을 시작하진 않았다. 하지만 이 좋은 길을 나만의 보석으로 남겨두긴 아까웠다. 더 많은 사람들이 프리미티보 길을 알고, 느끼고, 경험했으면 한다. 이 책을 들고 오비에도로 향하는 모든 순례자들이 프리미티보 길을 걸으며 자신이 필요로 했던 시간을 가지고, 나처럼 마음속에 품어왔던 질문에 대한 해답을 얻어갈 수 있길 바란다.

김지상

일러두기

1. 고유명사는 국립국어원의 외래어표기법을 따랐다. 특히 지명, 장소명, 건물명은 첫 등장에 한해 원어를 병기하였으나 이미 국내에 널리 알려진 이름들은 병기를 생략했다. 단, 이미 한 번 등장했던 고유명사라고 할지라도 글의 맥락에 따라 혼동의 우려가 있거나 가이드북의 편의성을 고려해야 할 대목에서는 추가로 다시 원어를 병기하기도 했다.

2. 이 책에 실린 대부분의 사진은 지은이 김지상이 직접 촬영한 것이다. 그래프와 지도의 경우에는 산티아고 순례자(www.pilgrim.es)에서 찾은 정보를 새로 그려서 작업했다. '산티아고에 대하여'와 '부록'의 몇몇 지역 사진은 상업적 이용을 허용한 사이트에서 구했다. 출처는 다음과 같다.

   ⓒ José Antonio Gil Martínez / flickr.com ; ⓒ Michel Curi / flickr.com ; ⓒ Hernán Piñera / flickr.com ; ⓒ Rubén Iglesias / flickr.com ; ⓒ Mario Sánchez Prada / flickr.com ; ⓒ Guillén Pérez / flickr.com ; ⓒ Niemand Weiß Es / flickr.com

C-a-m-i-n-o-P-r-i-m-i-t-i-v-o

CONTENTS

PEREGRINO...
ATENCIÓN A LO QUE NO SE VE!!!

산티아고
순례길에 대하여

Part 1

산티아고 순례길이란?

산티아고 순례길, 스페인어로 'Camino de Santiago, 카미노데산티아고'는 스페인 서북부 갈리시아 주(州)의 도시, 산티아고데콤포스텔라를 목적지로 하는 다양한 갈래의 기독교 성지 순례길이다.

예수의 12제자 중 하나였던 야고보가 예루살렘에서 순교한 후, 그의 제자들이 돌을 깎아 만든 배를 타고 와 갈리시아 지방에 시신을 매장했다는 이야기가 있었다. 시간이 흘러 9세기경, 어느 날 밤 갈리시아의 한 언덕에서 별빛이 춤을 추듯 움직여 이를 신기하게 여긴 사람들이 빛을 향해 다가갔는데 그 언덕에서 야고보의 무덤이 발견되었다고 한다. 이후 이 지역은 '빛나는 별 들판의 산티아고(산티아고는 야고보의 스페인어식 표현)'라는 뜻의 산티아고데콤포스텔라라는 이름이 붙여졌고 예루살렘, 로마 바티칸에 비견될 만한 성지순례의 명소가 되었다.

산티아고로 향하는 이 순례길은 1980년대까지는 주로 신앙심이 깊은 순례자들이 찾던 길이었다. 그러다 1993년, 스페인 북쪽 지방을 통과하는 여러 경로들이 유네스코 세계문화유

산으로 지정되면서 기하급수적으로 방문자가 늘었고, 현재는 매년 30만 명에 육박하는 순례자들이 찾는 세계적인 여행지가 되었다.

코스별 안내

국내 인터넷 포털에서 산티아고 순례길의 종류를 검색해 보면 보통 다섯 개, 많아야 열 개까지 확인이 된다. 하지만 실은 유럽에서 공식적으로 관리되는 순례길만 해도 수십여 개에 이르며, 이들로부터 파생된 순례길까지 모두 포함할 경우 그 수는 무수히 많다. 하나의 이름으로 불리는 길이 실제론 여러 가지 코스를 묶어 지칭하는 경우도 많고, 지금 이 순간에도 새로운 길들이 지속적으로 개척되고 있다고 한다. 이 책에서는 산티아고 순례자 사무실에서 통계 조사를 위해 구분해놓은 경로들을 기준으로 삼고 있다.

서적, 방송, 인터넷 등을 비롯한 국내 각종 매체에 등장하는 산티아고 순례길은 대부분 '프랑스 길'에 해당된다. 2017년 산티아고 순례자 사무실의 공식 통계에 의하면, 산티아고 순례길을 걸었던 전체 순례자들 중 약 60%가 프랑스 길을 택했다고 하며, 완주하지 못한 이들까지 포함할 경우엔 80%에 이른다는 말도 있을 만큼 국적을 막론하고 모든 순례자에게 아주 인기가 많은 길이다. 이외에 많이 알려진 순례길로는 대표적으로 '포르투갈 길', '북쪽 길', '은의 길', 그리고 내가 걸었던 '프리미티보 길' 등이 있다.

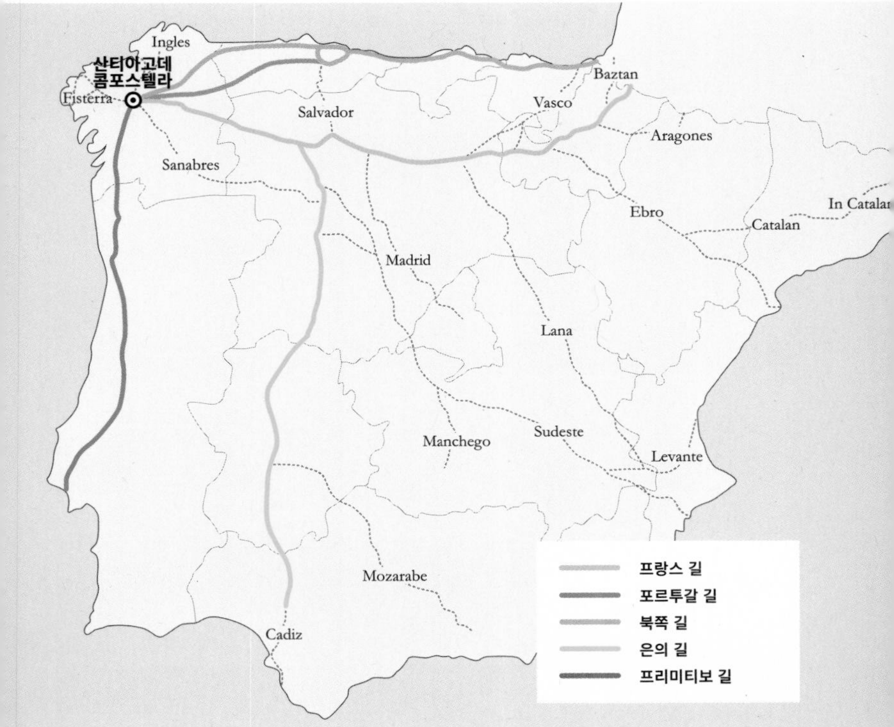

❶ 프랑스 길 (Camino Frances)

프랑스 길은 넓은 의미로는 파리, 아를 등 프랑스 다양한 지역에서 시작하는 순례길을 모두 포함하지만, 일반적으로 프랑스 남부의 생장피드포르Saint-Jean-Pied de port에서 시작하여 피레네 산맥을 건너 팜플로나Pamplona, 부르고스Burgos, 레온León 등을 거쳐 가는 총 길이 약 780km 정도의 코스를 의미한다. 산티아고 순례길에 대해서 잘 모르는 사람들은 '산티아고 순례길=프랑스 길'이라고 알고 있을 만큼 이 길은 대표적인 카미노이다. 가장 많은 순례자가 선택하는 코스인 만큼 숙박시설과 편의시설 등이 매우 잘 갖춰져 있다. 시작과 동시에 마주하게 되는 피레네 산맥을 제외하고는 평탄한 지형이 주를 이루는 이 코스는 걷는 속도에 따라 최대 40일 가량 소요가 된다고 하며, 다수의 가이드북에선 31~32일 일정을 제시하고 있다.

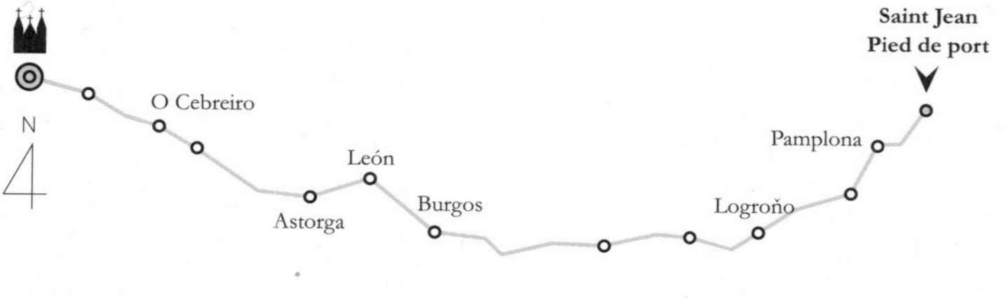

❷ 북쪽 길 (Camino del Norte)

북쪽 길은 앞서 설명한 프랑스 길처럼 의미하는 바가 다양하다. 유네스코 세계문화유산으로서의 북쪽 길은 '해안길', '프리미티보 길' 등 총 4개의 순례길을 통칭하지만, 일반적으로는 '해안길Camino de la costa'만을 지칭하는 용어로 사용된다. 해안길은 총 길이 약 880km 정도의 굉장히 긴 순례길로서, 스페인과 프랑스 국경에 위치한 작은 도시 이룬Irún에서 시작해 북쪽 해안가를 따라 산세바스티안San Sebastián, 빌바오Bilbao, 산탄데르Santander, 히혼Gijón 등을 지나 산티아고로 향한다. 프랑스 길, 포르투갈 길에 이어서 세 번째로 많은 이들이 찾는 순례길인 북쪽 길은 오르막과 내리막 변화가 심한 편이지만 계속 해서 대서양을 바라보며 걸을 수 있다는 매력이 있다. 현지 가이드북에서는 보통 33~34일 일정을 제시하고 있다.

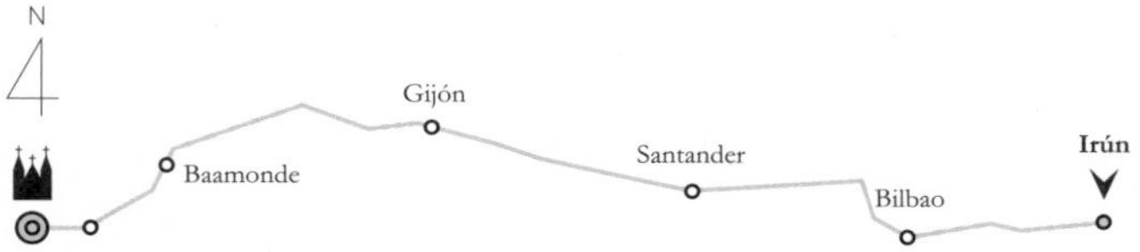

❸ 포르투갈 길 (Camino Portugués)

포르투갈의 수도 리스본에서부터 포르투Porto를 거쳐 북쪽으로 올라오는 총 길이 약 610km 정도의 종단루트이다. 리스본에서 포르투까지의 구간이 쉽지 않아 포르투부터 시작하는 이들도 많으며, 이 후에는 '포르투갈 해안길'을 포함해 산티아고까지 세 갈래로 길이 나뉜다고 한다. 2017년에는 약 20%의 순례자들이 이 길을 걸음으로써 프랑스 길 다음으로 많은 이들이 택한 경로가 되었다. 이 길은 25일 일정 기준에서 마지막 일주일 정도를 제외하고는 포르투갈만을 걷는 특징이 있다.

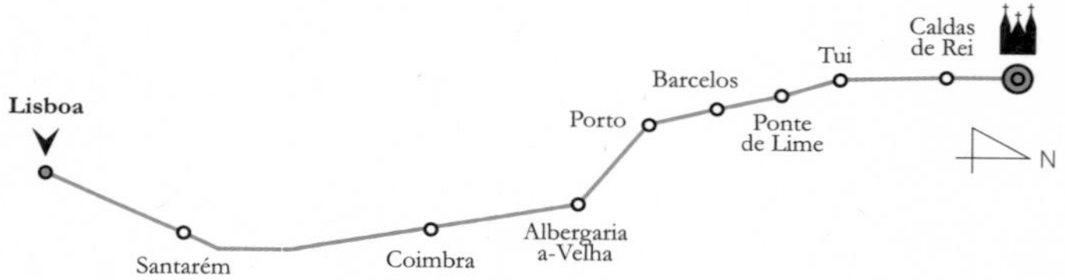

❹ 은의 길 (Vía de la Plata)

스페인 남부 안달루시아 지방의 대표 도시 세비야에서 시작되는 무려 약 1000km에 육박하는 스페인 종단길 은의 길은 주요 순례길 가운데 가장 긴 것으로 유명하다. 메리다Merida, 카세레스Cáceres, 살라망카Salamanca, 아스토르가Astorga를 거쳐 산티아고로 이어진다. 포르투갈 길이나 프랑스 길에 비해서 고요하고 평온한 분위기를 느낄 수 있는 이 순례길을 걸으면 사막 지형부터 무성한 녹음까지 정말 다양한 자연 경치를 볼 수 있다.

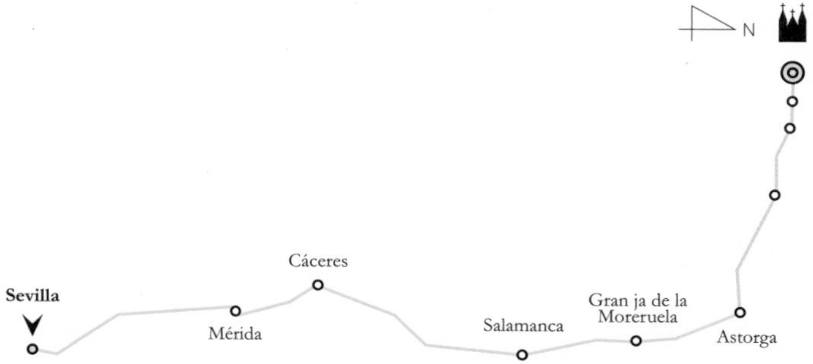

프리미티보길이란?

프리미티보 길Camino Primitivo, 우리말로는 '원시의 길', '최초의 길'로 해석되는 이 순례길은 아스투리아스 주의 주도인 오비에도Oviedo에서 시작해 루고Lugo를 거쳐 산티아고까지 이어지는 총 길이 약 320km의 '원조' 순례길이다. 9세기 경, 성 야고보의 무덤이 발견되었다는 소식을 듣자마자 아스투리아스 왕국의 왕이었던 알폰소 2세가 최초로 걸어간 순례길이다.

프리미티보 길은 북쪽 해안길과 이어져 있어, 매체에 따라 '북쪽 길'의 넓은 개념에 프리미티보 길을 포함하기도 한다. 오비에도와 해안에 위치한 아빌레스Aviles, 비야비시오사Villaviciosa 사이에 순례길이 연결되어 있어 북쪽 해안길을 걷던

순례자들이 오비에도로 내려와 프리미티보 길을 이어서 걷는 일도 적지 않다. 그리고 프리미티보 길은 산티아고 약 53km 이전 지점인 멜리데Melide에서 프랑스 길과 하나가 되어 산티아고로 향한다.

이 길은 다른 순례길들에 비해 상대적으로 길이가 짧지만, 험준한 산지를 오르내리는 경로가 많아 난이도가 높다. 하지만 그만큼 숨 막히게 아름다운 경치가 끝없이 펼쳐지는 길로도 널리 알려져 있다. 완주에는 10일에서 15일 정도의 시간이 소요되며, 다수의 가이드에서는 13일 일정을 제시한다. 이 길은 작년에 산티아고에 도착한 모든 순례자 중에서 5%도 되지 않는 13,685명만이 지나온 길이다. 북적거리는 프랑스 길이나 포르투갈 길과는 달리 한적한 분위기를 맛볼 수 있는 루트이다.

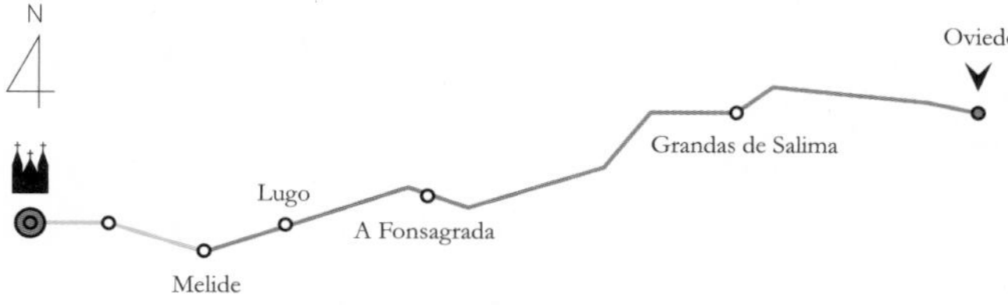

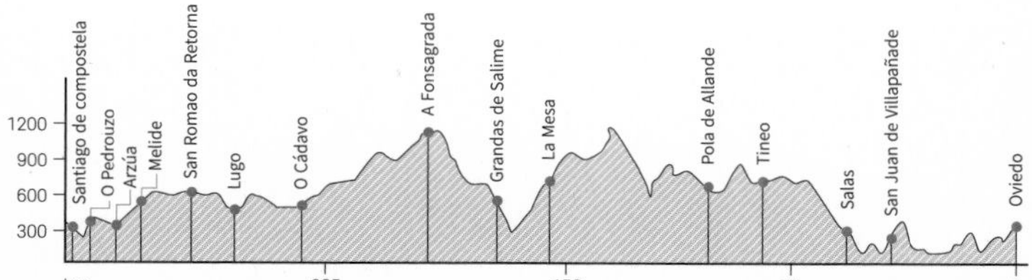

★ 추천일정

날짜	구간	거리
1일차	오비에도 - 그라도	25.8km
2일차	그라도 - 살라스	24.9km
3일차	살라스 - 티네오	20.2km
4일차	티네오 - 폴라데아얀데	28.2km
5일차	폴라데아얀데 - 라메사	22.8km
6일차	라메사 - 그란다스데살리메	16.8km
7일차	그란다스데살리메 - 폰사그라다	28.1km
8일차	폰사그라다 - 오카다보	23.4km
9일차	오카다보 - 루고	30.5km
10일차	루고 - 산로마오다레토르타	19.7km
11일차	산로마오다레토르타 - 멜리데	27.7km
12일차	멜리데 - 오페드로우소	33.3km
13일차	오페드로우소 - 산티아고데콤포스텔라	20.0km

Part 2

출발 전

평소 트레킹 여행을 즐겨한 사람이 아니라면, 산티아고로 떠나는 이 여정에 걱정이 많이 앞설 것이다. 프리미티보 길 같은 경우는 프랑스 길처럼 한 달 이상이 걸리는 대장정은 아니지만, 열흘 이상에 걸쳐 쉽지 않은 길을 계속 걸어야 하기 때문에 결코 만만히 볼 수 없는 게 사실이다. 체력적으론 문제가 없을지, 날씨는 괜찮을지, 또 시간과 비용 등은 얼마나 소요될 것인지 여러모로 불확실한 요소가 많다고 느낄 것이다.

내가 프리미티보 길을 계획했을 당시엔 관련 정보를 얻기가 쉽지 않았다. 제대로 된 한국어 후기는 무려 8년 전에 작성된 것밖에 찾지 못해 이 대신 잇몸으로 프랑스 길 후기를 참고해야 했고, 실용적 정보는 오롯이 외국 사이트를 통해 얻어야만 했다. 그래서 이 장에서는 여러분들이 나와 같은 불편함을 겪지 않도록 프리미티보 길로 나서기 위해 미리 알고 준비해야 될 모든 것에 대해 설명하고자 한다.

전체 코스 개괄(지형)

계절별 상황(지역별 날씨 포함)

준비물

예산 책정

오비에도까지 가는 법

순례자 여권 발급

알베르게 사용법

알베르게 목록

혼자서 vs 여럿이

순례길 걷기의 팁

걷는 것만이 방법은 아니다? 자전거 순례자

주요 부상 예방 및 치료 / 사고발생시 연락처

100km 프리미티보 & 물품이동 서비스

전체 코스 개괄

가장 오래된 길이면서 동시에 가장 아름답고, 가장 힘든 길이라는 프리미티보 길. 약 320km의 이 코스는 스페인 북서부의 아스투리아스와 갈리시아에 대략 절반씩 걸쳐 있다. 지도에서 드러나듯 두 지방은 스페인 내에서 우거진 숲을 볼 수 있는 얼마 되지 않는 지역이다. 스페인 대부분의 지역과 달리 풍부한 강수량 덕분에 나무도, 풀도 많이 자란다. 프랑스 길처럼 흙색의 광활한 평야나 사막 같은 곳을 지나는 경우도 거의 없다. 연중 빼어난 경치를 뽐내는 산들을 보며 걸을 수 있고, 무미건조한 아스팔트 도로를 지나는 코스도 많지 않은 편이다. 그러나 높은 산지가 많은 만큼 코스의 경사 높낮이 변화가 심하다. 물론 보통의 체력을 갖춘 사람이라면 누구나 걸을 수 있는 수준이긴 하지만, 생각보다 직선거리로 멀리 가는 것이 쉽지 않기 때문에 무리하는 것은 권하고 싶지 않다.

출발 첫날 오비에도를 나오는 순간부터 등산은 시작된다. 초반 이틀의 경사는 그나마 무난한 편이고, 3일차에 들어 급경사가 본격적으로 등장한다. 3일차부터 7일차까지는 거의 매일

해발 1000m 가까운 곳을 밟게 되고, 힘든 오르막도 많이 올라야 한다. 다행히 아스투리아스에서 갈리시아로 넘어간 이후부터는 점차 산지들이 낮아지고, 경사의 변화도 많이 줄어든다. 그 후엔 높다란 산보다 야트막한 언덕과 자주 마주하게 된다. 누적된 피로로 인해 작은 오르막에도 쉽게 지칠 때쯤이 되면 어느새 프랑스 길과 합류하게 되고, 3일 이내에 산티아고에 도착한다.

경사와는 별개로 진흙 때문에 고생스러운 구간도 있다. 둘째 날 구간인 그라도~살라스부터 중간중간 난처한 길이 등장한다. 하지만 이 구간에서의 진흙길은 그리 길지 않고, 문제는 셋째 날이다. 셋째 날 후반부에 지나게 되는 라에스피나라는 마을부터 티네오까지는 운이 없을 경우 거의 모든 길이 진흙탕으로 되어 있을 수도 있으므로 사전에 준비를 할 필요가 있다.

계절별 날씨

프리미티보 길의 초반부에 해당하는 아스투리아스 지역은 대서양의 영향으로 연교차가 크지 않으며 습하고 서늘한 기후를 띄고 있다. 여름에는 시원하고 맑은 날이 많지만, 천둥번개를 동반한 소나기가 오후 시간에 종종 내리곤 한다. 약 3일에 한 번 꼴로 비가 내린다고 생각하면 될 것이다. 순례길이 통과하는 산지에 짙은 안개가 끼는 일도 많다. 겨울은 기본적으로 온화한 편이다. 간혹 유럽 대륙의 찬 공기가 몰려와 춥게 느껴지는 날이 있지만 영하로 떨어지는 날은 많지 않다. 여름에 비해서는 비가 자주 내리고, 간혹 적지 않은 눈도 내린다.

산티아고데콤포스텔라가 위치한 갈리시아의 기후도 아스투리아스와 크게 다르지 않다. 온화한 해양성 기후를 가지고 있어 흔히 생각하는 스페인 날씨와는 거리가 있다. 하지만 아스투리아스보다 여름철 일조량도 더 많고, 기온도 열풍이 부는 날에는 40도에 육박하는 경우도 드물게 있다. 겨울에는 아스투리아스에 비해 더 많은 눈과 비가 내리는 편이다.

모두 종합해봤을 때, 프리미티보 길을 걷기에 가장 좋은 계절은 여름이다. 연중 가장 맑은 계절이면서도 스페인 타 지역처럼 살인적인 더위를 걱정해야 할 필요도 없기 때문이다. 산속을 걸을 때 갑자기 낮아지는 기온, 그리고 가끔 강하게 퍼붓는 소나기 정도만 주의하면 될 것이다.

준비물

개인적으로 해외여행은 짐을 최소화하는 게 좋다고 생각하나, 순례길을 걷는다는 건 일반 여행과는 다르다. 트레킹이자 하이킹에 가까운 활동이기 때문에, 예상치 못한 상황을 대비해서 반드시 소지하고 있어야 하는 물건들이 적지 않다. 우선적으로 준비해야 하는 것들은 다음과 같다.

- 옷
  속옷 3벌, 양말 3켤레, 티셔츠 3장, 기능성 티셔츠 2장, 반바지, 긴바지, 긴팔 티셔츠, 후드 점퍼
- 방수가 잘되는 등산화
  일반 운동화로 하루 8시간 이상 걷겠다는 것은 어리석은 생각이다. 경사의 변화도 심한데다가, 진흙길 코스도 많아 반드시 방수 기능이 좋은 등산화가 필요하다. 자기 발보다 큰 것을 고르면 물집이 생기기 쉬우니 주의해야 한다.
- 자외선 차단제 & 선글라스
  아무리 북부 지방이라고 해도 스페인이다. 구름 한 점 없이 맑은 날, 자외선은 피부의 적이다.

- 사파리 모자
  자외선 차단제와 마찬가지의 이유. 정수리의 열을 식혀주는 역할도 한다.
- 바셀린
  물집 방지를 위해 반드시 필요하다. 양말 신기 전에 꼭 발가락 사이사이와 발바닥에 발라줄 것.
- 쿨토시
  여름에는 긴팔 티셔츠보다 반팔 티에 쿨토시를 착용하는 것이 더 쾌적하다.
- 작은 바늘 혹은 맥가이버칼
  발의 물집을 터뜨려야만 하는 상황이 올 수 있다.
- 우비 혹은 방수가 되는 바람막이
  비가 온다고 그날의 순례를 멈출 수는 없다.
- 침낭
  저렴한 알베르게에서는 이불 없이 베개만 있는 일이 흔하다.
- 슬리퍼
  숙소에 도착하면 우선 발부터 쉬게 해주어야 한다.
- 배낭 방수커버
  비가 올 때를 대비해서 필요한 물품이나, 최신 등산용 가방에는 대부분 내장되어 있다.
- 메모리폼 귀마개
  여럿이서 자는 숙소에는 반드시 심하게 코를 고는 사람이 있다. 반드시.
- 빈대(베드버그) 퇴치제
  물리면 극한의 가려움을 맛보게 된다.
- 상비약
  감기약, 변비약. 일단 이 두 가지는 필수.
- 물티슈, 휴지
  수건 및 세면도구

★ 있으면 좋을 것들

작은 메모노트, 가이드북, 등산스틱, 스페인 선불유심칩, 손톱깎이, 보조배터리, 무릎보호대, 읽을 책, 자물쇠, 에너지바

★ 등산 가방은 어떤 걸로?

위의 물건들을 모두 담기 위해선 45L 이상의 등산 가방을 준비하는 것이 좋다. 준비물을 모두 채운 배낭의 무게는 8~9kg 정도가 되는데, 이때 준비물들을 무작정 가방에 넣지 말고, 무거운 것들과 가벼운 것들의 공간을 구분해서 담아야 장시간 걷기에 수월하다.

또한 순례 중 어깨에만 부담이 가지 않도록 반드시 가슴벨트와 허리벨트가 모두 있는 배낭을 골라야 한다. 그리고 실제로 걸을 때 다소 불편하더라도 가급적 모든 벨트를 채워놓아야 하중이 골고루 분산된다.

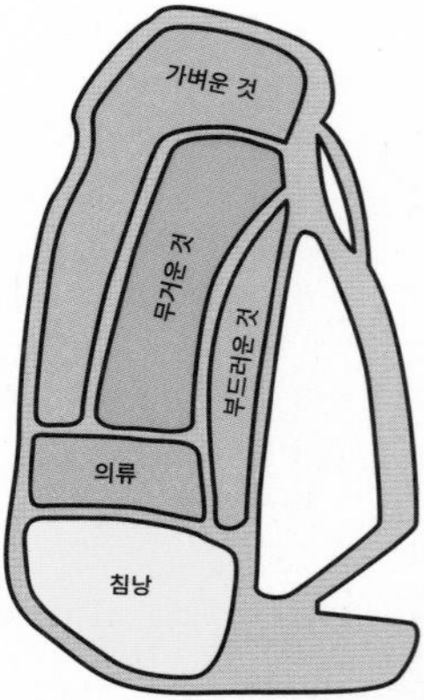

예산 책정

2주 이상 해외여행을 간다고 생각하면 비용 걱정이 앞서기 마련이다. 타지에서 먹고 자는 것은 적지 않은 돈이 빠져나가는 일이기 때문이다. 특히나 고된 순례길을 완주하려면 편한 곳에서 쉬어야 되고, 든든히 먹어야 하는데 많은 지출이 필요하지 않을까 걱정이 될 수 있다. 하지만 다행히도 산티아고 순례여행에 필요한 비용은 일반 해외여행과 비교했을 때 훨씬 적은 편이다.

산티아고 순례길에는 순례자 전용 숙소가 곳곳에 자리 잡고 있는데 이곳을 '알베르게'라고 한다. 순례자 여권을 소지한 자들만이 묵을 수 있는 호스텔 성격의 이곳은 일반 여행지와는 비교도 되지 않는 낮은 가격으로 숙박을 제공하며, 심지어 일부 알베르게에선 기부제로 요금을 받기도 한다. 또 알베르게에 식당이 딸려 있는 경우 '순례자 메뉴'라는 이름으로 부담스럽지 않은 가격에 푸짐한 음식도 제공한다. 물론 여정 내내 다인실인 알베르게에서만 묵는 건 불편할 수 있다. 가끔은 제대로 된 호텔에서 쉬고 싶기도 하고, 좋은 레스토랑에서 맛있는 음식을 먹고 싶을 때도 있을 것이다. 그러나 이는 어디까지나 예외적인 경우에 속하고, 기본적으로 순례자들은 알베르게에서 묵으며 산티아고로 향한다. 더군다나 큰 도시를 지나가는 일이 많지 않은 프리미티보 길의 특성상 선택권이 좁은 날도 있다. 이러한 '평범한 날'에 예상되는 비용은 약 40~50유로 정도로, 우리 돈으로 6만 원 안팎의 수준이다.

만약 본인이 절약하겠다는 의지가 있으면 지출을 꽤 낮은 수준까지 줄일 수도 있다. 예산이 빠듯했던 나의 경우, 조금 빠른 페이스로 11일에 걸쳐 프리미티보 길을 완주하면서 채 40만 원도 지출하지 않았다. 어떤 날은 우리 돈 2만 원으로 하루의 모든 것을 해결하기도 했다. 이 정도면 스페인까지의 왕복 항공권과 오비에도로 이동하는 교통비까지 합산한다고 쳐도 150만 원 미만으로 인천에서부터의 모든 여정을 해결할 수도 있었던 셈이다.

아래에 각 지출항목별로 예상 비용을 적어보았다. 구체적인 액수로 제시되지 않았기 때문에 각자의 예산 책정 단계에서 참고용으로만 활용하면 되겠다.

- 숙소
  알베르게 6~10유로(사립의 경우 약간 더 높은 가격), 에어비엔비 개인실 30유로, 집 전체 40유로 이상, 호텔 40유로 이상.
- 식사
  스파게티, 보카디요 등의 단일 메뉴로 해결시 한 끼당 최저 6~8유로. 순례자 메뉴는 한 끼당 8~12유로.

- 기타 비용
  생수, 제로콜라, 시원한 맥주 한 잔, 기념 배지 등의 잡비 하루 약 5~10유로.
- 한 구간 택시 이동시
  30~40유로.
- 13일 일정 총 예상 비용(비상금 포함)
  700유로(한화 90만 원)
- 나의 실제 지출내역(11일 일정)
  숙소비 77.3유로, 식비 및 기타 비용 168.3유로, 총 245.6유로(당시 환율 기준 약 32만 원) (하루 휴식일의 사치 54.36유로 추가하면, 약 39만 원)

오비에도로 가는 법

인천에서 오비에도까지 바로 갈 수 있는 직항 항공편은 없다. 나의 경우는 프랑스 파리에 도착한 후 다음 날 아침 일찍 오비에도로 가는 저가 항공을 이용했다. 하지만 이렇게 스페인 이외의 국가에서 한 번의 환승을 거쳐 오비에도로 갈 수 있는 항공편 일정은 그리 많지 않다. 그래서 가급적 마드리드나 바르셀로나로 가는 직항편을 탄 후 환승하는 것을 추천한다. 스페인 내 거점도시들 사이에서의 이동이기 때문에 어렵지 않게 고속철도나 고속버스, 혹은 승용차(차량공유서비스) 등의 교통수단을 이용할 수 있다. 2018년 기준으로 인천에서 마드리드까지의 직항 노선은 대한항공에서, 바르셀로나까지의 직항 노선은 대한항공과 아시아나항공에서 취항하고 있다.

❶ 마드리드에서 가는 법

스페인의 수도 마드리드에서 오비에도로 가는 항공권을 일찍 구매할 경우, 편도 기준 최저 30유로 정도의 저렴한 가격으로 오비에도 공항까지 가는 항공편을 탑승할 수 있다. 에어유로파, 이베리아 항공이 운항하며 소요시간은 약 1시간 정도다.

고속버스의 경우 알사ALSA라는 회사에서 운행한다. 공항에서 바로 탑승 가능한 고속버스도 하루 5~6대가 있으며, 이외 몬클로아Moncloa, 에스타시온 수르Estación Sur 두 군데서도 하루 20대 안팎의 고속버스가 다니고 있다. 소요시간은 공항에서 약 6시간 15분, 나머지 두 터미널에선 약 5시간 정도이다.

기차(고속철도)는 앞선 두 교통수단에 비해 자주 운행하는 편이 아니니 사전에 시간을 잘 확인하고 가야 한다.(renfe.com에서 확인 가능) 소요시간은 약 4시간 40분이다.

차량공유 서비스의 사용도 가능하다. 스페인에서는 차량공유(카풀)가 합법이며, 차량공유 앱 '블라블라카BlaBlaCar'를 사용해 20유로 안팎의 가장 저렴한 가격으로 이동할 수 있다. 단 본인이 원하는 시간에 동승자를 구하는 일이 쉽지 않을 수도 있다.

❷ 바르셀로나에서 가는 법

바르셀로나는 마드리드에 비해 오비에도에서 꽤 멀리 위치해 있어 항공편을 탑승하는 것이 좋다. 바르셀로나에서 오비에도까지 가는 항공편은 약 1시간 30분이 소요되며, 부엘링 Vueling이라는 저가 항공사에서 이 노선을 운영하고 있다. 항공권 가격은 때에 따라 차이가 있으나 대부분 편도 기준 40유로 미만이며, 새벽 출발편의 경우 무려 20유로라는 저렴한 가격도 나오곤 한다.

육상교통 이동에는 상당히 오랜 시간이 소요된다. 버스는 약 13시간, 고속철도는 약 10시간 30분, 승용차로도 무려 8시간이 걸리는 굉장히 힘든 여정이다. 숙박비를 절약하기 위해 밤 버스를 타고 아침에 오비에도에 도착하고자 하는 특별한 경우를 제외하곤 추천하지 않는다.

❸ 유럽 내 다른 국가의 도시에서 환승할 경우

2018년 11월 24일(한국 시간) 기준, 인천에서 출발해 단 1회 환승으로 오비에도까지 갈 수 있는 경유지는 뮌헨(독일)과 베네치아(이탈리아) 두 곳뿐이다. 그러나 나는 지난여름 파리에서 오비에도로 가는 직항 항공편에 탑승했던 경험이 있는 만큼 취항 도시는 유동적이라 볼 수 있다. 순례길 계획 단계에서부터 미리 확인하기 바란다.

순례자 여권 발급

순례자 여권Credencial(크레덴시알)은 소지자가 산티아고 순례길을 걷고 있다는 것을 증명해주는 작은 문서이다. 보통 출발지역에서 구매해 알베르게, 식당, 성당 등에서 '쎄요Sello'라고 불리는 인증도장을 받으며 산티아고까지 나아가게 된다. 산티아고에 도착하는 이들 중에서도 최소 마지막 100km 구간 이상을 이동해온 이들에게만 증서가 발급이 되는데, 바로 이 쎄요가 소지자가 어디에서부터 온 것인지 증명해준다. 산티아고 대성당에서 100km 이내에 위치한 지점에서부터는 반드시 하루에 2개 이상 도장을 받아야 산티아고 순례가 공식 인정된다.

또한 이 순례자 여권은 알베르게에 투숙하기 위해 반드시 지녀야 하는 서류이기도 하다. 일부 사립 알베르게를 제외하고, 거의 모든 알베르게에서는 이 순례자 여권을 소지한 자들만 수용하고 있다. 이외에도 순례자 여권은 다른 형태의 숙소나 일부 식당에서 할인수단으로 쓰일 수 있다.

순례자 여권은 공식적으로는 단 한 종류가 있지만, 여러 단체에서 다양한 모습으로 된 여권을 발급하고 있다. 하지만 비공식 여권 중에서는 산티아고 순례자 사무실의 인증을 받지 못한 것들도 존재하며, 이 경우 알베르게 투숙이나 완주 인증 절차에 문제가 생길 우려도 있다고 하니 가급적이면 공식 순례자 여권을 구매하는 게 좋다.

이 공식 순례자 여권은 온라인, 오프라인에서 모두 구매가 가능하다. 온라인으로는 최소 한 달 이상의 여유를 두고 주문해야 하며 한국 산티아고 순례자협회(caminocorea.org)를 통해 신청할 수 있다. 오프라인의 경우, 오비에도 대성당이나 관광센터, 공립 알베르게 등에서 순례자 여권을 받을 수 있다. 2유로를 지불하면 출발지와 순례자의 이름이 적힌 순례자 여권이 주어지고, 그때부터 여정이 시작된다.

순례자의 숙소, 알베르게

알베르게Albergue는 산티아고 순례길 주요 거점마다 자리 잡은 순례자 전용 숙소를 의미한다. 오직 순례자 여권을 소지한 순례자들만을 위한 숙박시설로서 결코 호화로운 시설을 갖추고 있지는 않지만, 아주 저렴한 가격에 지친 순례자들의 거처가 되어준다. 싱글 베드를 볼 수 있는 곳도 있지만, 거의 대부분은 다수의 2층 침대들로 구성된 혼성 다인실 호스텔이라고 생각하면 된다.

알베르게는 공립과 사립으로 나누어져 있다. 일반적으로 공립이 더 저렴한 반면 사립은 조금 더 쾌적한 환경을 제공한다. 공립의 경우 대부분 하루 숙박비로 5~6유로를 받고 있으며, 간혹 상주하는 관리자가 없이 기부금을 받는 형식으로 운영되는 곳도 있다. 장소에 따라 조리시설이나 휴게실 등의 편의시설이 있는 곳도, 없는 곳도 있으니 사전 확인이 필수적이다. 사립은 15유로를 웃도는 곳도 있을 정도로 공립과는 가격차가 있는데, 이렇게 말하면 비싸게 들리지만, 사실 그렇더라도 여전히 2만 원 미만의 저렴한 가격으로 하루 숙박이 해결되는 것이고 사립에서는 세탁기나 건조기 등을 잘 구비해놓은 곳이 많고 무엇보다 전화 예약이 가능하다는 장점이 있다. 식당을 같이 운영하는 경우도 흔하다.

체크인/아웃 시간은 알베르게마다 상이하나 공립 알베르게들은 대개 8시 안팎의 이른 시간에 체크아웃을 요구한다. 나처럼 아침잠이 많은 사람들은 신경 써야 할 사항이다. 체크인 마감 시간은 대부분의 순례자들이 이미 걷기를 마치고도 한참이 지났을 시각인 9시 이후 정도인 경우가 흔하다. 문제는 이 시각 이후엔 알베르게 출입문을 아예 잠가버리는 일이 많기 때문에, 잠시 동네를 구경하러 나갔다가 숙소로 돌아오지 못하는 불상사가 발생하지 않도록 주의해야 한다.

주요 마을마다 위치한 알베르게 목록을 다음 페이지에 첨부했다. 최신 정보를 반영했으나 실제와 상이할 수 있으니 방문 전에 재확인하도록 하자.

- 인터넷으로 예약을 받는 곳이라 해도 예약은 전화로 하는 게 가장 빠르고 확실하다.
- 예약을 받지 않는 곳이라도 전화를 통해 빈자리가 있는지 미리 확인하는 것이 좋다.
- 스페인의 전화번호 표기법은 유선/무선이 다르나, 이해를 돕기 위해 일괄적으로 '3+2+2+2'자리로 표기하였다.
- 건조기 유무 여부는 공립 알베르게에만 표시했다.

- 계절별 운영 여부가 상이한 알베르게는 보통 11월~2월(동절기)에 쉬는 곳이 많다.
- 마지막 3일 구간은 알베르게가 매우 많아 주요 알베르게만 추려놓았다.

★ 주요 거점별 알베르게 목록 (노란색 표시는 지은이가 직접 묵었던 알베르게들이다)

일자	지역	알베르게명	공립 사립	수용 인원	가격 (유로)	예약 가능 여부	연락처(+34)	특이사항
1	오비에도	Albergue El Salvador de Oviedo	공립	50	6	x	985 22 85 25	크레덴시알과 플라스틱 커버 3유로.
		Albergue la Quintana	사립	23	12	o	640 37 72 56	4유로 추가시 조식제공. 동절기 미운영.
		Albergue Turístico La Peregrina	사립	26	12~15	o	687 13 39 32	
	에스캄플레로	Albergue del Escamplero	공립	33	5	x	985 79 90 05	
	그라도	Albergue de Peregrinos de Grado	공립	16	기부제	x	985 75 27 66	계절별 운영여부 상이.
		Albergue la Quintana	사립	23	12	o	640 37 72 56	4유로 추가시 조식제공.
	산후안데비야파냐다	Albergue de San Juan de Villapañada	공립	22	5	x	985 75 00 68	
	카브루냐나	Albergue de Cabruñana	공립	18	5	x	985 75 00 68	
2	코르네야나	Albergue de Cornellana	공립	26	5	x	635 48 59 32	건조기 보유.
	살라스	Albergue de peregrinos en Salas	공립	16	5	x	684 60 97 96	건조기 보유.
		Albergue La Campa	사립	35	10	o	984 88 50 19	개인실 20~35유로. 계절별 운영여부 상이.
		Albergue Turístico Valle del Nonaya	사립	20	10	o	626 52 70 73	조식 포함. 겨울엔 예약 필수.
		Albergue El Rey Castro	사립	20	기부제	o	985 83 02 61	계절별 운영여부 상이.

3	보데나야	Albergue de Peregrinos de Bodenaya	사립	18	기부제	o	645 88 89 84	계절별 운영여부 상이.
	라에스피나	Albergue El Cruce	사립	12	기부제	x	639 36 52 10	예약불가하나 여유로운 편.
		Albergue El Texu	사립	18	?	o	603 75 19 06	계절별 운영여부 상이.
	티네오	Albergue Mater Christi de Tineo	공립	31	5	x	985 80 02 32	건조기 보유.
		Albergue Palacio de Merás	사립	54	12	o	985 90 01 11	3유로 추가시 시트제공.
4	캄피에요	Albergue Casa Herminia	사립	18	8	o	985 80 00 11	
		Albergue Casa Ricardo	사립	30	10	o	985 80 07 09	더블룸 35유로.
	보레스	Albergue Santa Maria de Borres	공립	18	5	x	985 80 10 67	매우 열악.
	폴라데아얀데	Albergue de Peregrinos de Pola de Allande	공립	24	5	x	663 32 47 83	세탁기 없이 건조기만 보유.
5	페냐세이타	Albergue de Peñaseita	공립	12	5	x	663 32 47 83	
	베르두세도	Albergue de peregrinos de Berducedo	공립	12	5	x	985 92 93 25	
		Albergue Camín Antiguo	사립	24	15	o	696 92 91 64	계절별 운영여부 상이.
		Albergue Camino Primitivo	사립	19	12	o	985 90 66 70	계절별 운영여부 상이. 카드는 20유로부터.
		Albergue Casa Marqués	사립	26	10	x	985 90 98 20	개인실 20유로, 2인실 25~30유로.
	라메사	Albergue de peregrinos de La Mesa	공립	16	5	-	618 25 34 41	
		Albergue Miguelin	사립	28	12	o	985 91 43 53	작은 수영장 보유.

6	그란다스데살리메	Albergue El Salvador de Grandas de Salime	공립	28	5	x	626 46 41 83	1유로 추가시 시트제공. 건조기 보유.
		Albergue Casa Sánchez	사립	16	12	o	626 66 51 18	계절별 운영여부 상이.
7	카스트로	Albergue Residencia Juvenil de Castro	공립	16	11	o	985 92 41 97	계절별 운영여부 상이. 건조기 보유.
	폰사그라다	Albergue de peregrinos Ramón Rodríguez	공립	42	6	x	699 77 65 72	
		Albergue Cantábrico	사립	62	10	o	669 74 75 60	2인실 요금 차등. 수건 제공.
		Albergue O Piñeiral	사립	80	10	o	606 16 57 52	폰사그라다 시내에서 4km.
8	오카다보	Albergue de Cádavo Baleira	공립	22	6	x	636 94 71 17	
		Albergue Porta Santa	사립	22	10	o	679 82 85 40	개인실 30유로, 2인실 40유로.
		Albergue San Mateo	사립	40	10	o	616 52 95 14	계절별 운영여부 상이.
9	카스트로베르데	Albergue de Castroverde	공립	34	6	x	-	
	루고	Albergue de Peregrinos de Lugo	공립	42	6	x	-	
		Albergue Casa da Chanca	사립	13	15	o	648 57 43 00	조식 포함. 계절별 운영여부 상이.
		Albergue Juvenil Lug2	사립	75	9	o	982 22 04 50	개인실, 2인실 등 요금 차등.
		Hostel Roots & Boots Lugo	사립	40	10	o	628 82 13 07	2인실 12유로.
10	산로마오다 레포르타	Albergue de peregrinos de San Román da Retorta	공립	12	6	x	-	
		Albergue O Cándido	사립	21	8	o	693 06 31 46	일층침대방 가격 상이. 계절별 운영여부 상이.

11	폰테페레이라	Albergue A Nave de Ferreira	사립	40	11	o	616 16 15 94	조식 포함. 계절별 운영여부 상이.
	아세이샤스	Albergue de peregrinos de As Seixas	공립	35	6	x	-	
	멜리데	Albergue O Apalpador	사립	30	10	o	679 83 79 69	
		Albergue O Cruceiro	사립	72	10	o	616 76 48 96	계절별 운영여부 상이.
		Albergue Pereiro	사립	45	10	o	981 50 63 14	11월~3월엔 6유로.
		Albergue Arraigos	사립	20	10	o	600 88 07 69	
		Albergue Vilela	사립	28	10	o	616 01 13 75	일층침대방 가격 상이. 겨울엔 예약필수.
12	아르수아	Albergue de peregrinos de Arzúa	공립	46	6	x	-	장애인실(2인). 건조기 보유.
		Albergue Ultreia	사립	39	10	o	626 63 94 50	
		O Albergue de Selmo	사립	46	10	o	981 93 90 18	8월엔 12유로. 계절별 운영여부 상이.
		Albergue Turístico Arzúa	사립	20	10	o	981 50 82 33	계절별 운영여부 상이.
	오페드로우소	Albergue de Arca do Pino	공립	120	6	x	-	건조기 보유.
		Albergue Otero	사립	36	10	o	671 66 33 74	계절별 운영여부 상이.
		Albergue Porta de Santiago	사립	54	10	o	981 51 11 03	계절별 운영여부 상이.
		Albergue O Burgo	사립	24	10	o	630 40 41 38	계절별 운영여부 상이.

13	산티아고데 콤포스텔라	Albergue del Monte do Gozo	공립	400	6	x	-	건조기 보유.
		Residencia de Peregrinos San Lázaro	공립	80	10	o	981 57 14 88	2박 이상시 할인. 건조기 보유.
		Albergue Acuario de Santiago de Compostela	사립	70	12	o	981 57 54 38	계절별 운영여부 & 가격 상이.
		Albergue Porta Real	사립	20	10~18	o	633 61 01 14	계절별 가격상이.
		Albergue Mundoalbergue	사립	34	12~17	o	981 58 86 25	계절별 가격상이.
		Albergue Santo Santiago	사립	40	10~12	o	657 40 24 03	계절별 가격상이.
		Albergue La Estación	사립	24	12~15	o	981 59 46 24	계절별 운영,가격여부 상이. 개인실, 2인실 보유.
		Albergue Fin del Camino	사립	110	8	o	981 58 73 24	계절별 운영여부 상이.

혼자서 vs 여럿이서

아무리 한적한 프리미티보 길이라도 열흘 이상 걷다 보면 많은 사람들을 만나게 된다. 방학을 맞아 혼자 온 대학생, 은퇴한 노부부, 오래된 친구들 혹은 길에서 알게 된 친구들 등등. 처음부터 일행과 함께 오는 경우가 아니라면 이렇게 만나게 되는 새로운 사람들과 그룹이 되어 함께 걷는 게 좋을지, 혼자만의 시간을 즐기며 걷는 게 좋을지 고민이 될 것이다. 하지만 굳이 하나로 방식을 제한하는 건 바람직하지도, 현실적이지도 않다. 나의 경우 순례길을 혼자 걷는 시간이 많았지만, 새로 알게 된 일행들과 이따금씩 같이 걸으며 많은 힘을 얻기도 했다. 혼자 걷는 것과 같이 걷는 것은 각각의 장점이 있다.

❶ 혼자 걷기의 좋은 점

머나먼 이베리아 반도의 순례길까지 찾아온 한국인들 중 다수가 '스스로를 돌아볼 시간'을 가지고 싶어서 여정을 시작한다. 이런 목적에 최고로 부합하는 것은 단연 혼자 걷기이다. 물론 험난한 길을 걷느라 아무 생각도 안 들 때도 있다. 그러나 끝없이 펼쳐진 길과 푸르른 들판과 하늘을 바라보며 걸으면 상념에 잠기고 문득 새로운 깨달음을 얻기도 한다. 여럿이서 시끌벅적 떠들며 걸을 때는 쉽게 경험할 수 없는 것들이다.

또한 본인이 원하는 페이스에 맞게 걸을 수 있다는 것도 매력적이다. 멈추고 싶을 때 멈추고, 나아가고 싶을 땐 나아갈 수 있다는 자유는 분명한 장점이다. 특히 사진을 좋아하는 사람이라면 혼자 걸을 때 일행을 쫓아가야 한다는 부담 없이 아름다운 자연과 유적들을 오롯이 기록으로 남길 수 있다. 심지어 이와 반대로 빠듯한 일정에 맞춰서 걸어가는 것도 혼자일 때가 유리하다. 일반적으로 혼자 걷는 것이 여럿이서 걸을 때보다 속도가 빠르기 때문이다. 그래서 많은 이들이 휴가 스케줄을 따르기 위해 여럿이서 걷다가도 혼자 걷곤 한다.

❷ 같이 걷기의 좋은 점

순례길을 완주한 많은 이들은 그 여정을 통해 얻은 것은 '사람'이라 말하곤 한다. 그만큼 이 길에서 만나는 인연들로부터 굉장히 특별한 느낌을 받을 수 있다. 나이, 종교, 국적, 인종, 언어 등을 초월해서 단지 모두가 하나의 목표를 보며 간다는 이유만으로 형용하기 어려운 유대감과 친밀함이 생기기 때문이다. 만난 지 단 며칠, 심지어 몇 시간 만에도 서로에게 쉽게 마음이 열리고 이들과의 소중한 인연은 의외로 오래 지속되기도 한다.

같이 걷기는 체력적인 부담도 덜어준다. 물리적으로 걷는다는 행위 자체는 혼자나 여럿이나 다를 바 없지만, 누군가와 이야기하면서 걷다보면 긴 시간도 빠르게 흐르는 것처럼 느껴진다. 혼자서는 벅차게 느껴질 만한 가파른 언덕도 도란도란 수다와 함께라면 금세 끝나 있곤 하다.

정보 획득에 유리하다는 점도 빼놓을 수 없다. 순례길에 대해서 혼자서 열심히 조사해왔다고 해도, 여러 명이 모이면 누군가는 꼭 전혀 몰랐던 유용한 정보를 꺼내놓는다. 특히 외국 순례자들은 한국에는 잘 알려지지 않은 순례길 관련 인터넷 사이트나 모바일 앱 등에 대해 많이 알고 있어 그들을 알게 되면 여행에 도움이 될 만한 소소한 팁을 얻어가기 좋다.

순례길 걷기의 팁

1 같이 걸으려면 아침에, 혼자 걸으려면 오후에

많은 순례자들은 아침 6~8시경부터 일정을 시작해 오후 1~3시경 목적지에 도착한다. 알베르게는 저녁시간까지 열려 있으므로, 아침 일찍 일어나는 게 힘들거나 혼자만의 시간이 필요한 이들은 느긋한 아침을 보내고 걷기에 나서도 좋다.

2 물을 항상 지니고 다녀야 한다

산을 올라야 하는 일이 많아 목이 자주 마를 것이다. 우리네 약수터와 비슷한 샘이 간혹 눈에 띄기도 하지만, 몇 시간 동안 마실 물을 못 찾게 되는 경우도 있다. 이를 간과한 나는 첫날부터 목이 타들어가 결국 정체를 알 수 없는 계곡물을 마셔야만 했다.

3 여름에는 소나기가 많이 내린다

프리미티보 길이 지나는 아스투리아스와 갈리시아 지방은 여름에 비가 많이 내리는 편은 아니지만, 강한 소나기가 내리는 일이 간혹 있다. 반드시 이를 염두에 두고 방수가 되는 바람막이나 금방 마르는 기능성 티셔츠 등을 준비하는 게 좋다.

4 차도를 걸을 땐 차와 마주 보고 걸어라(좌회전 급커브 구간 제외)

산길과 오솔길만 걷다가 차도를 처음 걷게 되면 난감하다. 순례자는 안중에도 없이 쌩쌩 달리는 차들도 많다. 안전을 위해서 길 왼편에서 차를 마주 보고 걷도록 하자. 서로 피해가기에 좋다. 단, 좌회전 급커브 구간에선 갑자기 차량이 나타나므로 주의가 필요하다.

5 빨래가 가능한 알베르게인지 잘 파악하자

짐을 줄이려면 가장 먼저 옷부터 줄여야 하는데, 이를 위해선 빨래를 자주 할 수 있어야 한다. 방문할 알베르게에 세탁기, 건조기 등이 있는지 여부를 잘 파악해야 한다. 저렴한 알베르게들은 대부분 건조기가 구비되어 있지 않다.

6 보카디요와 레몬맥주를 사랑하라

기나긴 순례길을 걸으며 최고의 휴식을 선사해줄 스페인의 명물들이다. 보카디요는 스페인식 바게트 샌드위치로, 하몽과 치즈만 넣어도 포만감을 준다. 레몬맥주(Clara, 클라라)는 레몬소다와 맥주를 반반씩 섞은 것으로, 그 청량감은 이루 말할 수 없다.

7 파스타도 사랑하라

파스타는 가히 순례길을 함께할 최고의 양식이라 말할 수 있다. 아주 저렴한 가격으로 풍부한 열량과 포만감을 얻을 수 있다. 식당에서 먹는 것도 좋지만, 주방이 있는 알베르게에 가게 된다면 직접 요리해 먹는 것을 추천한다.

8 높은 산에서 의외로 4G가 잘 터진다

험준한 산이라서 전파가 전혀 안 잡힐 것 같은 곳에서 의외로 평소보다 통신이 잘 되는 일이 있다. 기억나는 곳은 라메사 바로 뒤의 높은 산과 폰사그라다~오카다보 사이의 높은 산이다. 한국의 가족, 연인, 친구들과 통화하면서 쉽지 않은 코스를 넘어보도록 하자.

9 만나는 이들을 소중한 인연으로 여겨라

순례길을 걸으며 만나는 사람들. 그저 스쳐 지나가는 사람이라 여길 수 있지만, 대부분의 경우 비슷한 일정으로 걷기 때문에 반복해서 만나게 된다. 그 과정에서 생각지 못한 도움을 얻게 되는 경우도 있고, 정말 좋은 형, 누나, 동생, 언니, 오빠 등을 알게 될 수도 있다.

걷는 것만이 방법은 아니다?
자전거 순례자

흔히 '순례자'를 떠올렸을 때 그려지는 이미지는 사파리 모자, 묵직한 등산 가방, 등산 스틱 등이지만, 실제로 산티아고 순례길을 가다보면 그렇지 않은 사람들도 목격하게 된다. "부엔카미노!"를 외치며 빠르게 지나가는 한 무리의 자전거 순례자들은 정말 자주 만날 수 있는데, 이들을 스페인어로 자전거를 뜻하는 'bicicleta'와 순례자를 뜻하는 'peregrino' 두 단어를 합쳐서 '비시그리노Bicigrino'라고 부른다.

자전거를 통한 산티아고 순례에는 많은 이점이 있다. 무엇보다, 빠른 속도로 이동할 수 있기 때문에 굉장히 먼 거리를 하루 안에 이동하는 것이 가능하다. 프리미티보 길의 경우, 자전거 순례는 보통 6일 만에 완주가 가능한 것으로 나올 정도이다. 굳이 서둘러서 가지 않더라도 루트에서 벗어나 근교 도시들을 둘러보는 것 또한 가능하다. 관광과 순례를 동시에 할 수 있는 셈이다. 뿐만 아니라 무거운 짐을 등에 메지 않고 갈 수 있다는 사실도 굉장히 매력적이다. 비록 허벅지는 터질지언정 어깨에 알이 배기거나 물집이 잡히는 불상사는 없을 것이다.

하지만 자전거 순례를 결정하기에 앞서 몇 가지 고려해야 할 사항들이 있다. 우선 공립 알베르게는 항상 도보 순례자를 먼저 수용한다. 자전거 순례자의 경우 일찍 도착해도 오후 8시까지 체크인을 받지 않는다고 한다. 그리고 프리미티보 길의 경우, 심한 오르막경사를 맞닥뜨리는 일이 많아 자전거를 밀고 올라가야 할 경우도 적지 않다. 평소에 운동을 하지 않던 이들에게는 체력적으로 상당한 부담이 될 수 있다. 우리 입장에서 가장 힘들 수도 있는 점은 순례를 함께할 한국인을 찾기가 어렵다는 것이다. 대부분의 자전거 순례자가 스페인 사람이기 때문에 이에 불편함을 느낀다면 혼자서 가야 할 가능성이 높다.

2017년 기준으로 산티아고에 도착한 전체 순례자 가운데 약 7%는 이들 자전거 순례자였다고 한다. 자전거 순례는 아직 우리에게 낯선 방법이지만, 현지에서는 오직 산티아고 순례만을 위한 자전거 대여 서비스도 있을 정도로 활성화되어 있다.(www.bicigrino.com) 색다른 순례를 원하거나 주어진 시간이 부족하다면 이를 하나의 선택지로 고려해보는 것은 어떨까.

주요 부상 예방 및 치료 / 사고발생시 연락처

단지 걷는 것뿐이라고 해도, 무거운 짐을 지고 하루 평균 8시간, 25km 가까이 걷다보면 누구나 부상에 시달리기 마련이다. 가장 흔하고도 괴로운 부상은 물집이다. 물집은 신발과 발 사이의 반복적 마찰로 생긴다. 따라서 이를 예방하기 위해선 본인 발사이즈에 잘 맞는 신발을 선택하는 게 가장 중요하다. 너무 커도, 작아도 좋지 않다. 특히나 편하게 걷고자 큰 신발을 고르는 경우엔 물집이 생길 가능성이 높다. 물집이 막 생기려고 하는 때에는 바셀린을 듬뿍 바른 후 양말을 신어 마찰을 감소시키도록 하자. 물집이 더 커지는 걸 방지할 수 있다. 바셀린이 없을 경우는 반창고를 붙이는 것도 도움이 된다. 만약 물집이 불편할 정도로 커졌을 경우엔 더 고통을 겪지 않도록 소독한 바늘로 물을 빼주고 습윤밴드를 붙이는 게 좋다.

발목과 무릎 부상 또한 흔하게 발생한다. 발목의 경우 한 번 다치면 완벽하게 회복하는 데 긴 시간이 필요하기 때문에 반드시 피해야 할 부상 부위 중 하나이다. 순례길에 나서기 전에 평소 걷기운동을 통해 발목 단련을 해놓는 것이 좋다. 무릎 부상 역시 하체운동이 많이 되어 있지 않은 사람에게 흔하게 발생하는데, 배낭의 무게를 과도하게 무겁지 않도록 하는 것이 예방에도, 악화 방지에도 도움이 된다.

절대로 있어서는 안 되는 일이지만, 이런 작은 부상들 이외에 큰 안전사고가 발생할 수도 있다. 만일의 경우를 대비해 아래의 번호들은 반드시 휴대전화에 저장해놓도록 하자.

- 648-924-695 주스페인 대한민국대사관 긴급연락처
- 통합 긴급 전화 112(상담원이 발생 사안별로 해당 기관에 연결해준다)
- 응급의료 092
- 범죄신고 국립경찰(091), 민경대(062), 자치경찰(092)
- 전화번호 안내 11811
- 098 야간, 공휴일 개점 약국 문의

100km 프리미티보 & 물품이동 서비스 사용하기

800km에 육박하는 프랑스 길에 비해선 짧디짧은 프리미티보 길이지만, 숱하게 산을 오르내리며 서울-부산에 맞먹는 거리를 걷는 것이 결코 만만한 일은 아니다. 이에 큰 부담을 느끼는 이들이 솔깃할 만한 전략 두 가지가 있다. 바로 '100km 프리미티보 길'과 '물품이동 서비스'이다.

'100km 프리미티보 길'이란 산티아고 대성당에서부터 100km 떨어진 지점에서부터 순례를 시작하는 것을 말한다. 마지막 100km 이상만 걸으면 공식적으로 산티아고 순례를 완주한 것으로 인정받을 수 있기 때문이다. 이러한 이유로 인해 다른 카미노 코스에서도 아주 많은 순례자가 마지막 100km만 선택한다. 실제로 지난 2017년, 산티아고에 도착한 전체 순례자 중 가장 많은 이들이 선택한 출발지는 사리아Sarria라는, 프랑스 길에서 마지막 100km 걷기를 시작할 수 있는 도시였다.

프리미티보 길의 경우, 마지막 100km 걷기는 루고에서 시작한다. 루고로부터 남아 있는 구간은 프리미티보 길 앞부분 구간에 비해서 꽤나 수월한 편이라서 큰 어려움 없이 걸을 수 있다. 루고는 갈리시아 지방의 주도이기 때문에 마드리드나 바르셀로나 등 주요 도시에서 오는 교통수단을 찾는 것이 어렵지 않다.

하지만 '고작 100km를 걷겠다고 머나먼 스페인까지 찾아간 것은 아니다!'라는 생각이 든다면 또 다른 선택지가 있으니 바로 물품이동 서비스. 15kg 미만의 짐을 원하는 지역까지 운송해주는 서비스이다. 다수의 사립 알베르게들, 택시회사 등에서 서비스를 실시하고 있으나 가장 신뢰할 수 있는 건 스페인 우체국의 운송서비스로서 오프라인과 온라인 모두 신청 가능하며, 한 구간의 운송비는 5~10유로. 일부 알베르게에서는 물품 배달을 받지 않는 경우도 있어서 그런 경우 우체국에서 애초에 수령지를 근처 다른 건물로 지정해두어야 하니 짐을 부칠 때 이 부분을 정확히 확인해서 분실이나 배달 사고가 없게끔 주의한다.

우체국(Correos) 운송서비스 신청 사이트
www.elcaminoconcorreos.com/en/rucksack-transfer

출발 후

구간별 가이드

Part 3

출발 후

Day 1 오비에도~그라도

Day 2 그라도~살라스

Day 3 살라스~티네오

Day 4 티네오~폴라데아얀데

Day 5 폴라데아얀데~라메사

Day 6 라메사~그란다스데살리메

Day 7 그란다스데살리메~폰사그라다

Day 8 폰사그라다~오카다보

Day 9 오카다보~루고

Day 10 루고~산로마오다레토르타

Day 11 산로마오다레토르타~멜리데

Day 12 멜리데~오페드로우소

Day 13 오페드로우소~산티아고데콤포스텔라

Day 1

오비에도~그라도 (Oviedo~Grado)

총 길이 25.8km

오비에도 대성당 Catedral de Oviedo
출발지 | **산티아고 대성당까지** 321.4km

프리미티보 길은 9세기 말, 알폰소 2세와 수행원단이 처음 개척한 가장 오래된 산티아고 순례길이다. 이 길은 오비에도 대성당 앞의 광장에서부터 시작한다. 성당을 마주 보았을 때 좌측으로 이어진 카예슐츠Calle Schultz 거리를 따라가도록 한다. 반대쪽으로 가면 북쪽 길로 올라가게 된다. 카예산후안Calle San Juan을 만나는 곳에서 오른쪽으로 꺾자. 이 길을 따라 걸으면 이내 카예호베야노스Calle Jovellanos라는 조금 더 큰길로 이어진다. 횡단보도를 건넌 후, 좌측에 보이는 '라포예리아데호베야노스La Polleria de Jovellanos'라는 식당을 우측에 끼고 이어지는 카예라루나Calle La Luna로 진입한다. 곧 다섯 개의 길이 만나는데, 이때 정면에 위치한 두 갈래 길에서 좌측을

택해야 한다. 오텔베투스타Hotel Vetusta를 우측에 끼고 카예코바동가Calle Covadonga라는 길을 걷고 있다면 길을 제대로 선택한 것이다. 계속 직진하면 같은 길의 이름이 곧 카예멜키아데스알바레스Calle Melquiades Álvarez로, 카예데라인데펜덴시아Calle de la Independencia로 순차적으로 바뀌게 된다. 오텔베투스타로부터 약 750m 정도를 걸으면 N-634라는 왕복 6차선의 큰 도로에 이르게 된다.

여기서 좌측으로 틀어 횡단보도를 두 번 건너 맞은편으로 넘어간다. 이후 오른편에 병원을 낀 채 6갈래로 된 큰 교차로가

보일 때까지 직진한다. 이쯤부터 조가비 문양과 더불어 노란색 화살표도 이정표로써 등장하기 시작하니 잘 확인하도록 하자. 교차로에 다다르면 오른편에 광장이 하나 눈에 띌 것이다. 이 광장을 오른편에 끼고 도는 길, 즉, 교차로에 도착했을 때 2시 방향에 위치한 카예사무엘산체스Calle Samuel Sánchez까지 화살표를 따라 잘 이동한다. 이 길은 이내 또 다른 교차로로 흘러들고, 순례길은 11시 방향에 위치한 카예아르가뇨사Calle Argañosa로 이어진다. 화살표와 조가비를 따라 계속 걷다 보면 슬슬 도시에서 벗어나는 느낌이 난다. 10분 정도 같은 길을 놓치지 않고 걸으면 카예파빌라Calle Favila로 이어지는 삼거리 교차로에 이르게 된다. 여기서 아르가뇨사 기차역이 있는 쪽으로 향하도록 하자.

빨간 간판의 '바르 초케Bar Choque'라는 작은 바르(스페인에

서 '바르Bar'는 칵테일/양주 전문 술집이 아니라 술과 음식과 음료를 모두 겸하는 가게를 의미한다)를 볼 수 있을 텐데, 이쯤에서 한 번 쉬었다 가는 걸 추천한다. 이후 육교로 기찻길을 건너가게 되면 본격적으로 오비에도 도심 밖으로 길이 이어지며, 산티아고 순례길의 이정표 비석들(이하 '표시석')도 모습을 드러내기 시작한다. 여기까지 오느라 꽤나 고생했을 것이다. 도심을 벗어났으니 이제 길이 헷갈릴 일은 많지 않다.

육교를 건넌 후 가장 먼저 도달하는 길은 카예베르무도엘디아코노Calle Bermudo I El Diácono이다. 횡단보도를 건넌 후 오른쪽으로 한 블록 직진한다. 삼거리에 이르게 되면 '프로메딕PROMEDIC'이라는 가게를 왼쪽에 끼고 급회전, 7시 방향에 있는 카예호세마리아페르난데스부엘타Calle José María Fernández Buelta로 간다. 이때 바로 다음에 나타나는 횡단보도를 건너면 머지않은 곳에 사거리가 눈에 띈다. 카예이야스Calle Illas를 따라서 직진, 파세오데라플로리다Paseo de la Florida까지 간다. 왼쪽으로 꺾어 도로를 따라 쭉 걸어가자. 가다 보면 동으로 된 순례자 조각상이 있는 교차로도 지나게 될 것이다. 마치 텔레토비 동산같이 아름답고 푸르른 언덕이 있는 카미노데산티아고Camino de Santiago 공원이 나온다. 이 공원 옆을 지나가면서 순례길은 카예무로스델날론Calle Muros del Nalón이라는 이름이 되어 한 건물 뒤편으로 돌아간다. 곧 우측에 보이는 오르막으로 올라가는 길이 나올 것이고 이 길은 산라사로데파니세레스라는 작은 동네까지 이어진다.

산라사로데파니세레스 San Lázaro de Paniceres

출발지로부터 4.6km | **걸은 거리** 4.6km | **산티아고 대성당까지** 316.8km

주요시설 바르 La Trapa

과거 한센병 환자들을 돌보던 병원이 있던 산라사로에는 바르가 있어 잠시 쉬어갈 수 있다. 나랑코Naranco 산을 바라보면서 휴식을 취하길 추천한다. 계속해서 순례길을 가다보면 점점 평탄한 인도가 없어진다. 비야마르Villamar로 가는 우회로를 따라 목초지와 숲 사이를 걷다보면 카르멘 예배당Capilla del Carmen에 도착한다. 프리미티보 길에서 처음 만나게 되는 예배당인 이곳에서는 쎄요 인증도장을 스스로 찍을 수 있다. 쉬어가기에도 아주 적합한 곳이라 다른 순례자들을 만나는 경우도 있다.

얌파슈가 Llampaxuga

출발지로부터 7.1km | **걸은 거리** 7.1km | **산티아고 대성당까지** 314.3km

예배당을 떠나 우측으로 접어들면 상당히 울퉁불퉁한 내리막길을 맞닥뜨리게 된다. 이후 순례길은 작은 물길을 하나 지나고, 라피페라La Pipera의 오래된 세탁장으로 이어진다. 유브

리오Llubrio(구글 지도에서는 'Lubrió')까지 이어지는 오르막을 올라가면 12세기에 지어진 산타마리아데요리아나Santa María de Lloriana라는 교회가 나오고 다시 내리막길로 접어든다. AS-232라는 지방도로까지 내려가 우측으로 꺾으면 '카사발데스Casa Valdés'라는 바르가 있을 것이다.

라볼기나 La Bolguina

출발지로부터 8.8km | **걸은 거리** 8.8km | **산티아고 대성당까지** 312.6km

주요시설 식당 Casa Valdés

'카사발데스'를 오른편에 끼고 직진하면 노라 강Río Nora을 만나게 되고 순례길은 살며시 도로 오른편의 샛길로 빠진다. 무려 13세기에 건설된 엘푸엔테가예고스El Puente Gallegos라는 작은 다리를 통해 강을 건너면 행정구역상 오비에도를 완전히 벗어나게 된다. 순례길은 다시 AS-232 차도로 연결되고, 700m 정도 앞에서 오른쪽 샛길로 내려간다. 커다란 밤나무가 가득한 오솔길을 지나고 언덕을 오르면 '카사콘차Casa Concha'가 나타나는데 이곳을 우측에 끼고 돌아, 발세라Valsera를 지나쳐 산투야노Santullano로 가는 AS-234 길을 택하도록 한다. 왼쪽으로 '엘텐데혼데페르난도El Tendejón de Fernando'라는 식당을 보게 될 것이다. 만일 에스캄플레로Escamplero에 위치한 알베르게에서 투숙할 계획이 있는 이들은 이 식당에서 열쇠를 받아야 한다.

에스캄플레로 Escamplero

출발지로부터 12.7km | **걸은 거리** 12.7km | **산티아고 대성당까지** 308.7km

주요시설 공립 알베르게, 펜션, 바르, 상점

순례길은 AS-234를 따라 계속해서 이어지다가 좌측 샛길로 빠진다. 이 내리막길은 이내 AS-234에 다시 합류하게 되고, 발세라의 파티마 예배당Capilla de Fátima이 곧 모습을 드러낸다. 예배당을 지나면 다시 차도를 벗어나 목장과 석회암 언덕을 가로지르는 울퉁불퉁한 아스팔트길이 이어진다. 라라바사La Rabaza즈음에 이르러 왼편으로 이어지는 길을 걸으면 피카린Picarín에서 안다욘 강Río Andallón을 건너 순례길이 계속된다.

프레모뇨 Premoño

출발지로부터 17km | **걸은 거리** 17km | **산티아고 대성당까지** 304.4km

프레모뇨의 초입에 들면 과거 순례자 숙소였던 산타아나 예배당Capilla de Santa Ana을 지나게 된다. 차도를 떠나 아르다헤Ardaje 계곡까지 이어진 숲길을 내려간다. 머지않아 길은 우측으로 꺾이는데, 근처에 과거 로마 시대의 대중탕이었던 산타에울랄리아데발두노Santa Eulalia de Valduno(구글 지도에서는 'Termas romanas de Valduno')과 '카사딜시아Casa Dylsia'라는 식당이 있으므로 여유가 있다면 쉬어가기 좋다.

발두노 Valduno

출발지로부터 18.1km | **걸은 거리** 18.1km | **산티아고 대성당까지** 303.3km

주요시설 식당 Casa Dylsia

아스투리아스에서 가장 긴 강인 날론 강Río Nalón을 좌측에 끼고 강변으로 계속 걷는다. 금방 팔라딘이 보일 것이고 날론 강의 지류를 하나 건너도록 하자.

팔라딘 Paladín

출발지로부터 19.7km | **걸은 거리** 19.7km | **산티아고 대성당까지** 301.7km

차도로 방향을 틀고 푸에르마Puerma를 가로질러 가도록 한다. 10분 정도 가다보면 다시 차도 왼쪽에 위치한 샛길로 접어들게 되고, 강가를 따라 이어지는 길을 걷다 작은 다리를 건너면 곧 AS-234 길과 다시 합류하며 라라차에 도달한다. 차도에서는 반드시 통행차량을 주의하며 걷도록 하자.

라라차 Laracha

출발지로부터 22km | **걸은 거리** 22km | **산티아고 대성당까지** 299.4km

주요시설 바르 Bar Aurina

산티아고 대성당까지 남은 거리 300km가 깨졌다! 이제 첫날이지만 그래도 충분히 기운낼 만한 소식이다. 배가 고프고 힘들기 좋은 타이밍에 딱 바르가 하나 눈길을 사로잡을 것이다. '바르 아우리나Bar Aurina'는 월요일에는 운영하지 않는다는 점을 기억하기 바란다. 내가 이곳에 월요일에 갔었다. 다리를 건너 강을 우측에 끼고 N-634 도로를 계속 걷는다. 5분 정도 걸어가면 산후안 교회Iglesia de San Juan de Peñaflor가 나타난다.

페냐플로르 Peñaflor

출발지로부터 22.9km | **걸은 거리** 22.9km | **산티아고 대성당까지** 298.5km

250m 정도를 더 걸은 후 철로 아래를 지나가는 우측 길로 가도록 한다. 이 길은 쿠비아 강Río Cubia과 날론 강이 감싸고 도

는 비옥한 평야를 관통해 그라도로 나아간다. 교차로가 있는 산 펠라요San Pelayo라는 동네를 들어서며 첫날의 목적지 그라도에 도착하게 된다. 참고로 그라도의 알베르게는 이른 시간부터 만원이 되는 편이라 근처의 사설 숙박업소를 알선해주기도 한다.

쿠비아 강을 건넌 후에는 큰길을 따라 계속 걷는다. 산안토니오 공원El parque de San Antonio 초입의 교차로에서 왼쪽 길을 택해, 우측에 공원을 끼고 시청 방향으로 가도록 한다. 첫날의 마무리 지점이다. 식당이며 상점, 술집 등 모든 것이 다 있는 도시이니 편안하게 쉬고 다음 날을 대비하도록 하자.

그라도 Grado

출발지로부터 25.8km | **걸은 거리** 25.8km | **산티아고 대성당까지** 295.6km

주요시설 완비

Day 2

그라도 ~ 살라스 (Grado ~ Salas)

총 길이 24.9km

그라도 Grado

출발지로부터 25.8km | **걸은 거리** 0km | **산티아고 대성당까지** 295.6km

주요시설 완비

둘째 날의 순례길은 돌로레스 광장Plaza Doleres을 지나 이내 카예시마데비야Calle Cimadevilla로 이어진다. 마을 진입부에 걸었던 큰길 N-634로 다시 합류했다가Calle Flórez Estrada '코비란Covirán'이라는 슈퍼마켓을 지난 뒤 왼편의 좁은 골목으로 접어든다. 곧 '아세베도Acevedo'라는 곳을 가리키는 푯말을 보게 되고 갈림길이 나타난다. 우측으로 이어지는 경사진 길이 여기저기 산재한 작은 동네들을 지나고, 라킨타La Quinta에 도착해서야 한숨 돌리게 된다. 교차로를 지나 라바레라La Barrera를 통과하면 곧 엘카스카얄El Cascayal이라는 동네에 다다르게 된다. 엘바예El Valle라는 동네까지 지나면 600m 정도 후에 우회길이 이어지고 이 길은 산후안데비야파냐다 알베르게로 향한다.

산후안데비야파냐다 San Juan de Villapañada

출발지로부터 30.5km | **걸은 거리** 4.7km | **산티아고 대성당까지** 290.9km

주요시설 공립 알베르게

라레게라La Reguera를 다시 가로질러, 과거에 상인과 여행자의 휴식 장소로 사용되었던 벤타델쿠에르노Venta del Cuerno가 있는 교차로까지 걸어간다. 길은 오른쪽으로 빠지고 프레스노 교회Santuario de la Virgen del Fresno(구글 지도에서는 'Iglesia de El Fresno')까지 내내 오르막길을 걷게 된다. 숨이 멎도록 아름다운 경치를 보면서 힘을 내자.

엘프레스노의 언덕 Collado de El Fresno

출발지로부터 32.8km | **걸은 거리** 7km | **산티아고 대성당까지** 288.6km

여유가 있다면 순례길에서 잠시 벗어나 파르티도데로스몬테스Partido de los Montes에 위치한 프레스노 교회를 보고 돌아오는 것도 괜찮다. 돌아온 이후 이어지는 내리막길에서도 조

금 전에 올라온 길만큼이나 아름다운 풍경을 볼 수 있다. 작은 샘이 있는 곳의 메레달 다리El puente de la Meredal를 건너고, 차도를 건너가기 위해 다시 한 번 육교를 건너면 산마르셀로에 이르게 된다.

∨

산마르셀로 San Marcelo

출발지로부터 34.1km | **걸은 거리** 8.3km | **산티아고 대성당까지** 287.3km

산마르셀로를 떠나는 교차로에서 순례길은 왼쪽으로 접어들어 사과나무가 가득한 목초지로 길이 뻗어간다. 작은 개울가를 따라 가다보면 산타에울랄리아데도리가 교회Santa Eulalia de Doriga와 마주한다. 로마 시대에 지어진 이 오래된 교회를 지나 라도리가로 올라가도록 한다.

∨

라도리가 La Doriga

출발지로부터 35.7km | **걸은 거리** 9.9km | **산티아고 대성당까지** 285.7km

주요시설 사립 알베르게, 바르 Ca Pacita

이 지점 이후로 많이 힘들 수 있으니, 조그마한 바르 '카파시타Ca Pacita'에서 잠시 쉬면서 배를 채우고 가는 것도 나쁘지 않다. 이 바르는 알베르게의 기능도 하고 있다. 이어지는 내리막 오솔길은 좁고 미끄러우니 조심하도록 하자. 낙농장을 지나 순례길은 N-634길과 합류하고 라로드리가La Rodriga를 지나간다. 나르세아 강Río Narcea을 건너는 다리를 따라 왼쪽으로 돌면 비교적 큰 마을인 코르네야나에 진입하게 된다.

코르네야나 Cornellana

출발지로부터 38.4km | **걸은 거리** 12.6km | **산티아고 대성당까지** 283km

주요시설 완비

순례길이 완전히 시내를 거쳐 가지는 않지만, 많은 식당들이 있는 곳이기에 잠시라도 휴식하기를 추천한다. 이 뒤의 코스가 만만치도 않을뿐더러, 오늘 이 시점 이후로 이곳만큼 큰 마을을 지나는 일이 없기 때문이다. 나는 라타베르나La Taberna 식당의 스크램블드에그 & 하몽 보카디요를 먹었는데 아주 만족스러웠다. 만약 다리를 건넌 후 좌측으로 우회하는 길을 따라가면 산살바도르 수도원Monasterio de San Salvador을 볼 수도 있다. 현재 이 수도원은 알베르게로 사용하는 일부 시설을 제외하고는 버려진 상태이지만, 거의 천 년에 육박하는 역사를 가지고 있는 곳이므로 둘러볼 가치가 있다.

마을에 들어와서는 페이코페Feycofe라는 철물점이 있는 모서리에서 좌측으로 순례길이 이어진다. 이 길 역시 어쨌건 수도원을 지나가게 된다. 수도원에서 왼편으로 돌아가면 SL-7 길을 만나게 되고, 이 길을 따라 소브레리바로 올라간다.

소브레리바 Sobrerriba

출발지로부터 40km | **걸은 거리** 14.2km | **산티아고 대성당까지** 281.4km

차도를 따라 소브레리바를 가로질러 라몬Ramón에 도착하면 곡선 길을 피해가는 지름길로 들어서게 된다. 차도를 가로질러 높은 지대로 뻗은 순례길을 올라가 내려다보면, 노나야 강Río Nonaya과 나르세아 강이 합류하는 지점의 아름다운 전경을 볼 수 있다. 가히 이날 볼 수 있는 제일 아름다운 지점이 아닐까 생각한다.

오솔길은 숲속으로 흘러든다. 이후 채석장이 있는 곳에서 왼쪽으로 접어들면 야마스라는 마을에 다다르게 된다.

야마스 Llamas

출발지로부터 42.9km | **걸은 거리** 17.1km | **산티아고 대성당까지** 278.5km

주요시설 음료자판기

이 작은 마을 초입의 오르막길에는 음료자판기가 있다. 꽤나 힘에 부칠 타이밍이니 음료 한 캔 마시고 가기 더할 나위 없이 좋으며, 옆에 방명록이 있는 경우 흔적을 남기고 가는 것도 추억이 될 것이다. 이 길을 걷고 있을 몇 안 되는 한국인들의 흔적도 찾아볼 수 있다.

음료수를 마셨으면 몬테아구도Monteagudo로 가는 우회로로 빠지지 않고 직진해서 간다. 노나야 강의 평야에 다다를 때쯤, 왼편으로 길이 이어진다. 이후 거의 1km 정도 아주 곧바른 길이 펼쳐진다. 산티아고에 도착해서도 기억이 날 정도로 탁 트인 길이다. 아무도 없다면 노래를 불러보는 것도 나쁘지 않은 생각이다. 이 길의 끝은 킨타나라는 마을로 이어진다.

킨타나 Quintana
출발지로부터 45.3km | **걸은 거리** 19.5km | **산티아고 대성당까지** 276.1km

산티아고의 샘에서 목을 한번 축여주고, 곧 차도 좌측으로 빠져 오르막 샛길로 간다. 산기슭을 올라간 후 순례길은 작은 다리에 도달하고, 다리를 건너 카사소리나라는 작은 마을로 이어진다.

카사소리나 Casazorrina

출발지로부터 47km | **걸은 거리** 21.2km | **산티아고 대성당까지** 274.4km

주요시설 식당 El Surtidor

마을을 지나 데베사 다리La pasarela de la Devesa를 건너면 몇 분 후 차도 아래를 통과하고 N-634를 가로지르자. 이후 마예신Mallecín까지 완만한 오르막의 숲길을 올라가도록 한다. 마예신은 오늘의 종착지 살라스와 맞붙어 있다. 아베니다델야니에요Avenida del Llaniello를 따라가면 머지않아 살라스 초입에 이르게 된다.

캄파 광장Plaza de la Campa에는 살라스를 대표하는 사립 알베르게가, 베이가 광장Plaza de la Veiga del Rey에는 공립 알베르게가 위치해 있다. 공립 알베르게에 묵는 분들은 '레스타우란테 메넨데스Restaurante Menéndez'에서 열쇠를 수령해야 한다.

오늘도 힘들었겠지만, 다음 날의 코스는 더 힘들다. 익숙해졌더라도 무리하지 않고 온전한 휴식을 취하도록 하자.

살라스 Salas

출발지로부터 50.7km | **걸은 거리** 24.9km | **산티아고 대성당까지** 270.7km

주요시설 완비

Day 3

살라스 ~ 티네오 (Salas ~ Tineo)

총 길이 20.2km

살라스 Salas

출발지로부터 50.7km | **걸은 거리** 0km | **산티아고 대성당까지** 270.7km

주요시설 완비

중세의 아치문들을 통과하며 캄파 광장을 지나면 두 갈래 길 중 카예온디나스Calle Ondinas를 따라 이날의 순례길이 시작된다. 노나야 강 기슭을 따라 시골길이 이어진다. 아름답지만 힘든 오르막길을 오르며 엘푸엔테데보라El puente de Borra와 엘푸엔테데카르카본El puente de Carcabón이라는 다리를 연이어 건넌다. 가파른 오르막을 계속 올라야, N-634 도로로 들어오게 된다. 고가도로 아래를 몇 차례 지나간 후 다시 좌측에 위치한 오솔길로 언덕을 오른다. 포르실레스Porciles에 가까워졌을 때쯤부터 경사가 완만해진다. 야트막한 언덕을 하나 넘으면 이제 머지않아 보데나야에 도달하게 된다.

보데나야 Bodenaya

출발지로부터 58.5km | **걸은 거리** 7.8km | **산티아고 대성당까지** 262.9km

주요시설 사립 알베르게

보데나야 교회Iglesia de Bodenaya를 지나 오른쪽으로 돌면 보데나야 공립 알베르게가 있다. N-634길을 가로질러 계속 걸으면 얼마 가지 않아 라에스피나에 도착한다.

라에스피나 La Espina

출발지로부터 59.6km | **걸은 거리** 8.9km | **산티아고 대성당까지** 261.8km

주요시설 완비

작은 동네이지만 바르, 상점, 약국 등이 모두 있어 쉬어가기 좋은 곳이다. 널널한 알베르게에 묵고 싶은 이들에게 이곳을 추천한다. 마을 초입에는 2016년 5월에 들어선 라파라다델페레그리노La Parada del Peregrino라고 불리는 순례자 휴게소가 있다. 참고로 라에스피나에서는 북쪽 해안길과 이어지는 경로도 있다.

큰길을 따라 직진하여 마을을 관통한다. 교차로에서 우측 오솔길로 빠지며 라에스피나를 벗어난다. 여기서부터는 가파른 오르막은 거의 등장하지 않지만, 질퍽한 진흙길이 한참 동안 계속되어 상당히 애를 먹게 된다. 거의 일 년 내내 진창길이라고 하니 철저한 대비가 필요하다. 1km 정도 가면 라페레다에 위치한 크리스토데로스아플리히도스 예배당La ermita del Cristo de los Afligidos을 만나게 된다.

라페레다 La Pereda

출발지로부터 60.7km | **걸은 거리** 10km | **산티아고 대성당까지** 260.7km

예배당에서 우측으로 돈 뒤 돌로 된 담장과 목초지 사이를 지나 레콘코Reconco 샘까지 올라간다. 진흙을 피해가느라 고생이겠지만 그래도 주변의 경치를 둘러보는 여유를 가지도록 하자. 평원의 경치는 정말 멋지다. 이후 순례길은 베두레스Bedures, 라미야리에가La Millariega와 같은 작은 동네들을 지나 곧 엘페드레갈에 진입한다.

엘페드레갈 El Pedregal

출발지로부터 63.5km | **걸은 거리** 12.8km | **산티아고 대성당까지** 257.9km

코스는 AS-216 도로로 이어진다. 그 후 이 마을을 벗어날 때쯤 오른편의 작은 언덕길에 들어서며 차도를 벗어나게 된다. 100m 정도 후 왼쪽으로 꺾어 돌며 아까보다 더 심한

진창길과의 싸움이 시작된다. 티네오 산Sierra de Tineo을 거쳐 산타에울랄리아까지 가는 약 4km 구간은 모두 진흙탕이라고 생각하면 된다.

산타에울랄리아 Santa Eulalia

출발지로부터 67.6km | **걸은 거리** 16.9km | **산티아고 대성당까지** 253.8km

묘지에 도착하기 직전에 길은 오른쪽으로 돌아간다. 사라신Zarracín이라는 마을을 왼편에 끼고 페로이로 강Río Ferroiro을 건너간다. 몇 백 미터 정도 걸으면 식당과 바르, 축구장 등이 보일 것이다. 축구장을 돌아 캄포데산로케Campo de San Roque라는 공원으로 간다. 파세오데로스프라일레스Paseo de los Frailes를 따라가면 곧 길 왼편에 위치한 순례자 동상을 만나게 된다. 라틴어로 "순례자여, 시간을 보고 걸음을 계속하라"라고 적혀 있다고 하니 새겨 듣도록 하자.

왼쪽으로 내려오면 티네오 공립 알베르게가 곧 나온다. 온종일 진흙탕과 싸우느라 많이 피곤할 것이다. 고지대에 위치한 아름다운 마을 티네오에서 사진도 많이 찍고 맛있는 음식도 먹으며 재충전하도록 한다.

티네오 Tineo

출발지로부터 70.9km | **걸은 거리** 20.2km | **산티아고 대성당까지** 250.5km

주요시설 완비

Day 4

티네오 ~ 폴라데아얀데 (Tineo ~ Pola de Allande)

총 길이 28.2km

∨

티네오 Tineo

출발지로부터 70.9km | **걸은 거리** 0km | **산티아고 대성당까지** 250.5km

주요시설 완비

알베르게에서 오른쪽으로 돌아 시청까지 내려간다. 약국을 우측에 끼고 카예칼보소텔로Calle Calvo Sotelo를 택하면 이내 아베니다곤살레스마요Avenida González Mayo로 길의 이름이 바뀐다. 150m 정도 뒤 베네라데라콘다Venera de la Conda라는 우측 샛길로 나가도록 한다. 마을을 벗어날 때까지 정말 빼어난 경치가 계속되기 때문에 자꾸 뒤돌아보다가 갈림길에서 잘못 들기도 한다. 카예라푸엔테Calle la Fuente까지 들어서게 되면 한동안은 갈림길을 만나지 않게 된다. 그림 같은 파노라마가 펼쳐

지기 때문에 사진 찍느라 발 옮기는 게 쉽지 않은 구간이다.

높은 산으로 진입하기 전에 샘이 하나 나타난다. 등산하기 전에 물통도 채우고, 사진도 몇 장 더 찍고 가기 좋은 지점이다. 가파른 포장도로가 끝나면 좌측 산길로 순례길이 이어진다. 낙엽수가 가득한 길을 따라 개천을 하나 건너간다. 왼편으로 계속 목장을 끼고 걷는데, 가끔 울타리 근처로 가까이 오는 소들을 만날 수 있다. 브라뉴가스 산El monte Brañugas의 아름답지만 너무나 힘든 오르막이 계속된다. 물탱크를 지나 라과르디아La Guardia 언덕에 이를 때까지 올라간다.

힘들어서 더는 못 가겠다 싶을 때쯤 아스팔트로 된 평지가 나온다. 아쉽게도 평탄한 포장도로는 150m 정도밖에 되지 않고 그 후 바로 우측 오솔길로 순례길이 이어진다. 풀숲이 무성한 길은 완만한 오르막을 이루며 산비탈을 돌고 머지않아 오르막이 끝난다. 콘크리트로 된 내리막길은 목장 사이로 계속 내려간다. 내려가면서 왼쪽에는 방목한 당나귀들이 보일 텐데, 소들과는 달리 사람한테 큰 관심을 보인다. 나는 당나귀 세 마리와 같이 사진을 찍고 지나갔다. 내리막길은 AS-350 차도로 합류한 후 피에드라테차라는 작은 마을로 향한다.

피에드라테차 Piedratecha

출발지로부터 78.4km | **걸은 거리** 7.5km | **산티아고 대성당까지** 243km

몇 분 정도 AS-350를 따라 걷다가 곧 차도 왼편으로 순례길이 분리된다. 빽빽한 떡갈나무 숲을 따라 한참을 내려가야 한다. 프리미티보 길에서 가장 멋진 숲이라고 평하는 사람들도 있는 숲이다. 내리막길이 두 갈래로 나뉘는 지점이 나오는데 이곳에서 주의가 필요하다. 내가 갔을 때는 푯말에서 산티아고를 가리키는 부분이 파손되어 있었고, 오보나 수도원Santa María La Real de Obona을 가리키는 부분만 남아 있었다. 표시석이 순례길을 등지고 있어 잘 보이지 않기 때문에 원치 않게 우회로로 돌아가게 될 가능성이 높다. 오보나 수도원은 350m 정도 떨어진 곳에 위치해 있는데, 무려 1200년 이상의 역사를 자랑하는 유적이지만 현재 관리가 되지 않고 있다.

수도원을 들르지 않고 계속 갈 경우 갈림길에서 왼쪽으로 가도록 한다. 산기슭에 위치한 마을의 경치를 감상하다보면 이내 비야루스에 다다르게 된다.

비야루스 Villaluz
출발지로부터 81.9km | **걸은 거리** 11km | **산티아고 대성당까지** 239.5km

피크닉 쉼터와 샘을 지나 TI-3차도에 합류한다. 그 후 베가데레이Vega de Rey, 베루고소Berrugoso, 라스티엔다스Las Tiendas 등의 아주 작은 동네들을 몇 군데 지나면 캄피에요Campiello에 도착한다. 캄피에요에는 두 곳의 사립 알베르게가 있는데 각각 식당을 운영하고 있으니 쉬었다 가기 좋다. 여기서부터 멀리 떨어지지 않은 곳에서 순례길이 두 갈래로 나뉘게 된다. 이 중에서 더 아름다운 경치를 감상할 수 있는 오스피탈레스Hospitales 길을 택하려면 다시 한 번 한참 등산을 해야 하기 때문에 체력적으로 힘든 이들은 캄피에요나 잠시 후에 다다를 보레스에서 묵고 가는 것을 권장한다.

캄피에요 Campiello
출발지로부터 84.8km | **걸은 거리** 13.9km | **산티아고 대성당까지** 236.6km
주요시설 알베르게, 바르, 식당, 상점

TI-3을 따라 계속 전진하여 엘프레스노El Fresno의 예배당과 엘에스핀El Espín을 지나간다. 왼편의 지방도로로 빠져 350m 정도 가면 흙길이 이어진다. 우거진 풀숲이 있는 이 길을 따라 보레스까지 간다. 알베르게로 가는 샛길을 보게 될 텐데,

이곳에서 묵을 예정이라고 해도 우선은 시내의 '엘바린El Barín'이라는 술집으로 향해야 한다. 그곳에서 쎄요와 열쇠를 받을 수 있고 식사도 할 수 있다.

보레스 Borres

출발지로부터 87.7km | **걸은 거리** 16.8km | **산티아고 대성당까지** 233.7km

주요시설 공립 알베르게, 바르

이날의 최종목적지 폴라데아얀데까지는 11km 이상 남아 있다. 엘바린을 지나친 후 AS-219 도로를 가로지르면 가파른 시멘트 오르막길이 시작된다. 가파른 곳이 늘 그렇듯, 이곳을 떠나면서 보는 경치도 상당히 아름답다.

소나무 숲을 통과하면 곧 순례길이 두 갈래로 나뉘는 지점에 도착하게 된다. '라폴라La Pola'라고 적힌 방향으로 가는 길이 기본 루트이고, 오스피탈레스 길은 높은 산을 오른 후 능선을 따라 이동하는 경로이다. 기본 루트는 상대적으로 훨씬 편한 길로서 몇 개의 마을을 거쳐 폴라데아얀데로 향한다. 다만

오히려 오스피탈레스 길보다 일정이 반나절 정도 뒤처지게 되는 단점이 있다. 오스피탈레스 길은 프리미티보 길 전체를 통틀어서 최고로 꼽히는 장관을 볼 수 있는 길이다. 지금까지 계속 보아온 높은 나무가 빽빽한 산이 아닌 잔디, 풀, 낮은 관목들로만 이뤄진 산을 오르기 때문에 높은 곳에서 탁 트인 경치를 감상할 수 있다. 다만 초반에 고도 1200m에 위치한 지점까지 등산을 해야 하며, 약 15km에 이르는 구간에서 어떤 마을도 없기 때문에 사전에 음식과 마실 것을 준비해가야 한다.

아름다운 길을 걷겠다면 당연히 오스피탈레스 길을 택해야겠지만, 본인의 체력과 일정 등을 감안해서 현명한 선택을 내리도록 하자.

1) 기본 루트를 택해서 폴라데아얀데로 향할 경우

갈림길에서 200m 정도 가면 삼발리스모 마을에 진입한다.

삼발리스모 Samblismo

출발지로부터 89.6km | **걸은 거리** 18.7km | **산티아고 대성당까지** 231.8km

AS-219길을 가로질러 삼발리스모를 떠나, 포장도로를 따라 라모르테라로 이동한다.

라모르테라 La Mortera

출발지로부터 90.6km | **걸은 거리** 19.7km | **산티아고 대성당까지** 230.8km

강을 지나 오솔길로 차도가 다니는 곳까지 올라간다. 숲길, 흙길 혹은 차도를 번갈아가며 한참 동안 순례길이 이어진다. 터널을 통과하여 콜리나스데아리바까지 오르막이 계속된다.

콜리나스데아리바 Colinas de Arriba

출발지로부터 92.6km | **걸은 거리** 21.7km | **산티아고 대성당까지** 228.8km

10분 정도 더 걸으면 다시 차도 왼편으로 순례길이에서 벗어난다. 내려가다보면 비야베르데Río Villaverde라는 작은 강이 나오고, '2010. 호세페레스사토리오José Pérez Satorrio'이라고 적힌 다리로 건너간다. 포장된 길을 따라가면 다시 차도로 연결되고, 어렵지 않게 포르실레스까지 갈 수 있다.

포르실레스 Porciles

출발지로부터 93.9km | **걸은 거리** 23km | **산티아고 대성당까지** 227.5km

주요시설 바르 San Roque, Casa Boto

포르실레스의 어귀에는 '산로케San Roque'라는 바르가 순례자들을 맞이하며, 벗어나는 곳쯤에선 다시 '카사보토Casa

Boto'라는 바르가 순례자들을 배웅한다. 마을을 벗어나면 순례길은 곧 차도 좌측으로 접어들고, 포르실레스 강Río Porciles까지 나무가 빽빽한 내리막길이 이어진다. 강을 건너면 만만치 않은 구간이 시작된다. 길이 험해 중간중간 나무계단이 놓여 있다. 차도로 돌아오면 라바도이라라는 작은 마을을 지나 같은 이름으로 된 봉우리에 오르게 된다.

라바도이라 Lavadoira

출발지로부터 96.1km | **걸은 거리** 25.2km | **산티아고 대성당까지** 225.3km

여기까지가 행정구역상 티네오에 속하는 곳이다. 아얀데Allande에 왔다는 것을 알려주는 표지판에 다다르기 직전에 차도 좌측으로 순례길이 내려간다.

페로이 Ferroy

출발지로부터 98.1km | **걸은 거리** 27.2km | **산티아고 대성당까지** 223.3km

페로이 시내를 통과해 AS-217 길에 잠시 합류한 뒤 바로 좌측으로 순례길이 이어진다. 개천가를 따라가다 보면 폴라데아얀데에 이르게 되고, 초입의 커브에서 '비야로사리오Villa Rosario'라는 저택을 지나면 바로 공립 알베르게에 도착한다.

2) 오스피탈레스 길을 택해서 산으로 올라갈 경우

오스피탈레스 길은 중세 후기, 이곳을 지나던 순례자들을 위한 대피시설이나 휴게시설로 이용되었던 병원들의 터가 남아 있는 곳으로서, 기본 루트보다도 더 오랜 역사를 자랑하는 길이다. 이 길은 폴라데아얀데로 향하지 않고, 푸에르토델팔로 Puerto del Palo라는 지역에서 기존 순례길과 다시 합쳐진다. 산 능선에 놓인 하나의 길로만 가기 때문에 안개가 자주 낌에도 불구하고 길을 잃을 위험은 극히 작다. 다만 약 15km에 이르는 이 산악 구간에는 어떠한 마을도 없기 때문에 사전에 마실 것과 먹을 것을 준비해가야 한다. 다시 한 번 강조하지만 경치만은 정말 비할 데가 없는 루트이다.

산 능선으로 올라가야 하기 때문에 초반에 힘든 오르막을 계속 간다. 산파스쿠알 예배당Capilla de San Pascual을 지나 고도 1000m가 넘어가는 지점에서 다다르면 첫 병원 터인 오스피탈데파라디에야Hospital de Paradiella가 모습을 드러낸다. 다음 병원 터인 오스피탈데폰파론Hospital de Fonfaraón은 고도 1200m 지점에 위치해 있는데, 이후부터는 고지의 능선을 따라서 완만한 코스만 이어진다. 오스피탈데발파라이소Hospital de Valparaíso라는 세 번째 병원 터까지 지나 푸에르토데라마르타Puerto de la Marta(구글 지도에서는 'Alto de la Marta')에 이르면 AS-364 차도와 만난다. 차도를 타고 내려가도, 산길로 가도 모두 푸에르토델 팔로(혹은 Alto del Palo)로 향한다.

* 이 루트에서는 정말, 아주 간혹, 야생 곰을 만날 수 있다고 한다. 다행히도 곰들은 공격당하지 않는 한 절대 호전적이지 않으며 자기 쪽에서 먼저 사람을 피하는 습성이 있으니 멀리서 곰이 보이더라도 흥분하지 말고 조심스럽게 자리를 피하도록 하자.

Day 5

폴라데아얀데 ~ 라메사 (Pola de Allande ~ La Mesa)

총 길이 22.8km

폴라데아얀데 Pola de Allande

출발지로부터 99.1km | **걸은 거리** 0km | **산티아고 대성당까지** 222.3km

주요시설 완비

중심부를 관통하는 대로를 따라 마을을 빠져 나간다. 주유소, 레스토랑 '카사가욘Casa Gayon' 등을 지나서 쭉 간다. 주유소에서 1km 정도 걸으면 니손 강Río Nisón의 평원으로 내려가는 샛길이 나온다. 멋진 경치를 감상하며 푸에르토델팔로로 향해 나아가자. 완만한 오르막이 엘테이수El Teixu를 지나면 곧 왼편에서 '카사비냐스Casa Viñas'라는 바르를 볼 수 있는데, 페냐세이타 공립 알베르게로 갈 사람들 이 바르에서 도움을 받으면 된다. 알베르게는 약 50m 떨어진 곳에 위치해 있다.

페냐세이타 Peñaseita

출발지로부터 102.3km | **걸은 거리** 3.2km | **산티아고 대성당까지** 219.1km

주요시설 공립 알베르게, 바르

어느덧 오비에도에서부터 100km 넘게 걸어온 것이다. 계속해서 숲길을 지나 작은 다리로 개천을 건너간다. 개울을 하나 더 건너면 이내 라레이가다에 이르게 된다.

∨

라레이가다 La Reigada

출발지로부터 104.4km | **걸은 거리** 5.3km | **산티아고 대성당까지** 217km

여기서부터 푸에르토델팔로까지는 오르막 경사가 심해진다. 어쩌면 프리미티보 길에서 가장 힘든 오르막길일 수도 있다. 위로 계속 올라가면 들쭉나무 숲에서 나무다리가 나오고 개울을 건너간다. 구불구불한 아스팔트길을 지나면 AS-14 길로 올라갈 수 있다. 순례길은 곧 차도 우측의 작은 길로 빠지고, 아주 가파르고 험한 길이 이어진다. 다치지 않도록 조심해서 올라가자. 소나무 숲을 지나 고압선까지 통과하면 샘이 하나 보일 것이다. 정상에 거의 다 왔다는 증거이다.

∨

푸에르토델팔로 Puerto del Palo

출발지로부터 107.9km | **걸은 거리** 8.8km | **산티아고 대성당까지** 213.5km

주요시설 노점 계절별 운영여부 상이

정상에서 오스피탈레스 길과 합류한다. 이제 더 높이 올라갈 곳은 없다. 돌투성이의 오솔길을 따라 몬테푸라도를 향해

간다. AS-14를 가로지르면 조금 더 편한 오솔길을 따라 내리막이 이어진다.

∨

몬테푸라도 Montefurado

출발지로부터 109.6km | **걸은 거리** 10.5km | **산티아고 대성당까지** 211.8km

몬테푸라도라는 외딴 마을은 갑자기 등장한다. 과거에는 순례자 숙소가 있던 곳이라 하지만 현재는 예배당 하나와 단 한 명의 주민밖에 없는 조용한 곳이다. 산딸기가 자라는 돌벽을 지나 세스토데라푸엔테Sesto de la Fuente까지 올라간다. 그곳에서 문을 하나 지나고, AS-14가 나올 때까지 내리막길을 간다. 순례길은 이후, AS-14 왼편으로 나란히 이어져 라고까지 간다. 마을 초입에서 묘지를 지나면 산타마리아 교회Iglesia de Santa María de Lago가 나온다. 다시 차도로 합류하려 가면 '카사 세라핀Casa Serafín'이라는 바르가 있다.

∨

라고 Lago

출발지로부터 113.6km | **걸은 거리** 14.5km | **산티아고 대성당까지** 207.8km

주요시설 바르 Casa Serafín

라고에서부터 베르두세도Berducedo까지는 약 4km 정도 되는데, 이날 오전의 고생을 보상 받기라도 하듯 무난한 코스가 이어진다. 라고를 벗어나면 오른쪽으로 오솔길이 이어지고 곧 코론데뇨Corondeño로 향하는 차도를 건너게 된다. 엘차오El Chao와 라얀다La Llanada쯤에서 다시 AS-14 차도로 돌아온다. 1km 정도는 차도를 따라간 뒤, 순례길은 다시 왼쪽으로 벗어난다. 소나무가 빽빽한 숲길이 베르두세도까지 이어진다.

Day 6

라메사 ~ 그란다스데살리메 (La Mesa ~ Grandas de Salime)

총 길이 16.8km

라메사 La Mesa
출발지로부터 121.9km | **걸은 거리** 0km | **산티아고 대성당까지** 199.5km
주요시설 알베르게, 상점 계절별 운영여부 상이

지방도로를 따라 가파른 오르막길을 올라간다. 풍력발전기가 가득한 바위산을 오르는 급경사는 오래 지속되지 않고, 30분 정도 후 부스폴로 내리막길이 이어진다.

부스폴 Buspol
출발지로부터 124.2km | **걸은 거리** 2.3km | **산티아고 대성당까지** 197.2km

오른편으로 변전소를 지나쳐 산타마리나부스폴 예배당 Capilla de Santa Marina de Buspol에 도달한다. 납작한 돌들을 겹겹이 쌓아 만든 외벽과 지붕이 인상적인 건물로, 과거 순례자 숙소로 사용되었다고 한다. 이곳을 지나치면 나비아 강Río Navia

의 협곡까지 엄청나게 긴 내리막길이 시작된다. 고도 760m가량을 내려가는 내리막이 장장 8km에 걸쳐 이어진다. 무릎이 상당히 고통스러울 수 있지만, 산골짜기 사이로 보이는 살리메 댐의 경치도 정말 아름답다.

부스폴에서부터 45분가량 내려온 후에는 길이 평탄해지고, 심하지 않은 오르막 내리막이 반복되며 숲속을 지나간다. 과거에 살리메 댐을 가로지르는 배를 타기 위해 사용했던 우회로를 지나 1km 더 나아가면, 양지 바른 곡선 길에 '코르틴Cortín'이라고 불리는 둥근 돌벽 구조물을 볼 수 있다. 이 구조물은 벌집을 곰들로부터 보호하기 위해 만든 것으로, 아스투리아스 서쪽 지방에서 흔하게 볼 수 있다고 한다. 잠시 후 십자가를 하나 지난 뒤, 400m 정도 더 가서 밤나무 숲으로 들어가는 좌측 갈림길로 간다.

몇 차례 회전을 거듭한 뒤 드디어 AS-14 도로로 진입한다. 댐까지 내려오기 전에는 미라도르데라바예나Mirador de La Ballena라는 고래 전망대가 있는데, 굳이 언급하지 않아도 다들 이곳에서 사진 한 번씩 찍고 지나가게 될 것이다. 댐에서부터 약 128m 높이에 있다. 가장 낮은 곳까지 내려온 이후 AS-14 도로를 따라 살리메 댐을 건너간다.

살리메 댐 Embalse de Salime

출발지로부터 131.9km | **걸은 거리** 10km | **산티아고 대성당까지** 189.5km

주요시설 호텔, 바르, 상점

순례길은 오롯이 AS-14를 따라 약 4.5km 정도 더 이어진다. 1km 정도 가면 오텔라스그란다스Hotel Las Grandas가 있다. 경치 감상을 하면서 몇 킬로미터 더 나아가자. 살리메 댐 전망대Mirador del Embalse de Salime에서는 정말 환상적인 경치를 볼 수 있기 때문에 순례자들이 아닌 일반 관광객도 많이 들리곤 한다. 펜하모Pénjamo로 가는 우회길을 지나 200m 정도 가면 차도 왼쪽으로 순례길이 분리된다. 목가적인 분위기의 샛길이 오늘의 목적지 그란다스데살리메까지 쭉 이어진다.

시내에 진입할 때쯤 오른쪽에 나타나는 아베니다델페레이로Avenida del Ferreiro로 진입한다. 민족지학 박물관을 지나면 곧 시청 광장에 도착하고, 여기서 시청 정면에 위치한 아베니다데라코스타Avenida de la Costa를 따라 3분 정도 걸어가면 공립 알베르게가 나온다.

그란다스데살리메 Grandas de Salime

출발지로부터 138.7km | **걸은 거리** 16.8km | **산티아고 대성당까지** 182.7km

주요시설 완비

Day 7

그란다스데살리메 ~ 폰사그라다 (Grandas de Salime ~ Fonsagrada)

총 길이 28.1km

그란다스데살리메 Grandas de Salime

출발지로부터 138.7km | **걸은 거리** 0km | **산티아고 대성당까지** 182.7km

주요시설 완비

공립 알베르게에서 다시 시청 광장 근처의 산살바도르 교회Colegiata de San Salvador(구글 지도에서는 'Church of San Salvador de Grandas')로 돌아온다. 차도를 건너 카르멘 예배당Capilla del Carmen이 있는 길로 간다. 곧 나오는 분기점에서 왼쪽으로 꺾어 떡갈나무 숲 아래에 위치한 수풀 길로 간다. 이 길은 아파라파A Farrapa라는 마을에서 AS-28 도로에 합류한다. 치즈 공장을 지나 커브길을 지나면 AS-28를 건너고, 슌타카사Xuntacasa를 지나 세레이셰이라로 가는 길이 이어진다.

세레이셰이라 Cereixeira

출발지로부터 141.9km | **걸은 거리** 3.2km | **산티아고 대성당까지** 179.5km

주요시설 바르 La Parrilla, Casa Federico

세레이셰이라를 떠나며 다시 숲길에 접어들고, 구불구불한 길을 지나 예배당까지 가면 우측에 말네이라Malneira가 있다. 떡갈나무 숲 구간을 지나면 알베르게가 나온다.

카스트로 Castro

출발지로부터 144.2km | **걸은 거리** 5.5km | **산티아고 대성당까지** 177.2km

주요시설 호텔, 알베르게, 식당, 바르

거주 지역에서 그리 멀지 않은 곳에 카스트로데차오사마르틴Castro de Chao Samartín(구글지도에서는 'Castro del Chao de San Martín')이라는 청동기에 지어진 요새가 있으니 시간이 되면 들러보도록 한다. 들르지 않고 계속 갈 경우 오텔차오사마르틴Hotel Chao Samartín을 지나 차도를 건너며 이 마을을 벗어난다. 파드라이라Padraira를 왼편에 두고 순례길을 걷다보면 과거 한센병 병원이었던 예배당을 보게 된다. 10분 정도 더 나가면 AS-28로 돌아오고 헤스토셀로에 도착한다.

헤스토셀로 Gestoselo

출발지로부터 146.6km | **걸은 거리** 7.9km | **산티아고 대성당까지** 174.8km

이곳부터 갈리시아로 넘어갈 때까지, 정확히는 푸에르토

델아세보Puerto del Acebo까지 힘든 오르막이 이어진다. 차도를 따라서 순례길은 이어지고, 30분 정도면 아스투리아스에서 지나는 마지막 마을 페냐폰테에 도달한다. 마을 입구에서 아스팔트길을 벗어나면 막달레나 교회Iglesia de Santa María Magdalena(구글 지도에서는 'Iglesia Penafonte')가 있는데 이곳 앞마당에서 잠시 쉬어가도록 한다. 이 교회에 있는 샘에서 꼭 물통을 채워 오르막길을 준비하도록 한다.

페냐폰테 Peñafonte

출발지로부터 148.8km | **걸은 거리** 10.1km | **산티아고 대성당까지** 172.6km

차도로 돌아오는 일 없이 사로 산El Monte de Zarro을 올라간다. 초반에 경사 몇 번만 넘기면 이후의 길은 못 견딜 정도로 힘들지는 않다. AS-28로 합류한 후, 부스텔로델카민Bustelo del Camín 방향으로 건너간다. 곧 차도 근처에서 문을 하나 열고 가시덤불 사이로 이어지는 오솔길을 따라간다. 이 길을 따라 쿠리스카다 산El monte de Curiscada을 올라간다. 꽤나 가파른 경사라 쉽지는 않다만, 문을 하나 더 지나면 오르막이 이내 끝난다.

폰사그라다Fonsagrada가 시야에 들어올 때쯤 아스투리아스와 갈리시아의 경계를 넘어가게 된다. 산을 쭉 내려가면 차도와 합류하게 되고 그곳에는 바르 겸 상점이 하나 있다. 갈리시아로 넘어와서부터는 산티아고를 가리키는 표시석의 조가비 방향이 반대로 바뀐다. 기본적으로 조가비의 넓은 쪽을 향해서 나아간다고 생각하면 된다. 여전히 반대로 표시가 된 표시석도 나오지만, 그런 표시석의 경우 화살표가 다시 방향을 바로잡아 준다.

아세보 Acebo

출발지로부터 153.2km | **걸은 거리** 14.5km | **산티아고 대성당까지** 168.2km

주요시설 바르 O Acebo, 상점운영시간 매우 불규칙

바르가 있는 이 아주 작은 마을의 이름인 아세보는 우리말로 '호랑가시나무'를 뜻한다. 이런 이름이 붙은 이유는 바로 이어지는 순례길에서 바로 확인이 가능하다. 호랑가시나무가 가득 찬 비탈길을 잠시 올라가면 LU-701 도로가 곧 나오고, 이 도로 옆에 난 길을 따라 나란히 카브레이라로 향한다.

카브레이라 Cabreira
출발지로부터 155.2km | **걸은 거리** 16.5km | **산티아고 대성당까지** 166.2km

차도와 나란히 가는 순례길은 폰프리아까지 지속된다. 마을에 도착하기 직전에는 차가운 물이 나오는 샘을 하나 지난다.

폰프리아 Fonfría
출발지로부터 157.3km | **걸은 거리** 18.6km | **산티아고 대성당까지** 164.1km

마을의 마지막 건물들을 지나서 좌측으로 꺾어 빽빽한 숲길로 간다. 약 166km가 남았다는 표시석을 보게 될 것이다. 바르베이토스에서 순례길은 다시 LU-701과 합쳐진다. 바르베이토스에는 '메손카트로벤토스Mesón Catro Ventos'라는 식당이 있는데 이곳에선 고기 숯불구이를 비롯한 갈리시아 지방 음식들을 맛볼 수 있다.

바르베이토스 Barbeitos
출발지로부터 158.9km | **걸은 거리** 20.2km | **산티아고 대성당까지** 162.5km
주요시설 식당 Mesón Catro Ventos

차도를 건너 소나무 숲 경계로 나아가는 오솔길을 따라간다. 실레바에 다다르면 다시 LU-701를 가로질러 산타바르바라 예배당Ermita de Santa Bárbara 쪽으로 다가간다. 그 바로 위에는 전망대가 있어 잠시 쉬었다 갈 수도 있다. 프리미티보 길의 절반을 넘어가는 지점이다.

실레바 Silvela

출발지로부터 160.6km | **걸은 거리** 21.9km | **산티아고 대성당까지** 160.8km

차도 위로 지나가는 길은 파라다노바Paradanova로 이어진다. 이후 순례길은 예배당을 지나쳐 두 갈래로 곧 갈리게 되는데, 이때 표시석을 따라 왼쪽으로 가도록 한다. 다른 길은 1835년까지 폰사그라다에 속했던 마을, 아프로바데부론A Proba de Burón으로 돌아가는 아주 오래된 코스인데, 현재는 거의 아무도 가고 있지 않은 경로라 길을 잃을 위험이 높다고 한다.

2017년 여름에 영업을 시작한 새로운 공립 알베르게는 폰사그라다 중심지에 위치하고 있다. 이 도시의 중심거리인 아베니다데아스투리아스Avenida de Asturias를 따라가다 성당을 끼고 좌회전, 이어 오른편에 두 번째로 나타나는 골목인 루아산로케Rúa San Roque로 들어가면 바로 붉은색 문이 여러 개 있는 건물이 나온다.

폰사그라다 Fonsagrada

출발지로부터 165km | **걸은 거리** 26.3km | **산티아고 대성당까지** 156.4km

주요시설 완비

Day 8

폰사그라다 ~ 오카다보 (Fonsagrada ~ O Cádavo)

총 길이 23.4km

폰사그라다 Fonsagrada

출발지로부터 165km | **걸은 거리** 0km | **산티아고 대성당까지** 156.4km

주요시설 완비

루아마요르Rúa Maior를 따라 내려가면 곧 교차로가 나오고 이 가운데 가장 큰길인 아베니다데갈리시아Avenida de Galicia를 따라 폰사그라다를 벗어난다. 5분 정도 걷다 보면 오른편 언덕으로 올라가는 샛길이 나오고 이 길을 따라 가면 산쇼안데파드론San Xoán de Padrón이라는 마을과 교회가 나온다. 이후 표시석을 따라 찻길 옆으로 이어지는 오솔길을 걷다가 다시 교차로 근처에서 차도와 합류한다. 10분 정도 차도로 걷다가 도로 오른편에 난 길로 소나무 숲을 통과한다. 아스팔트길로 돌아오면 곧 파스티살Pastizal 샘이 나와 식수를 보충할 수 있다. 샘 이후에 또 나타나는 소나무 숲에서 휴식을 취하는 것도 좋다. 차도까지 내려오면 다시 오르막을 올라가야 한다. 언덕을 올라가면 왼편에 빌라르동고가 눈에 들어오게 된다.

빌라르동고 Vilardongo
출발지로부터 170km | **걸은 거리** 5km | **산티아고 대성당까지** 151.4km

순례길은 직선으로 이어지고, 페드라피텔라스Pedrafitelas 쯤에서 LU-1906 도로를 건넌다. 5분 정도 더 걸어가면 앉아 쉴 수 있는 테이블이 나오는데 이곳 경치도 참 좋아 중간 휴식 지점으로 딱 좋다. 작은 물길들이 지나는 오솔길을 지나면 몬토우토에 도착한다.

몬토우토 Montouto
출발지로부터 172.8km | **걸은 거리** 7.8km | **산티아고 대성당까지** 148.6km

거주 지역을 떠날 때 마주치는 교차로에서 길을 잘못 들지 않게 주의해야 한다. 아래로 내려가는 왼쪽 길을 따라가야 한다. 곧바로 오솔길로 들어서게 되고 몬토우토 유적지로 오르막길이 이어진다. 이 유적지는 17세기부터 이곳에 존재했던 과거의 순례자 숙소이다. 옆에는 작은 예배당도 하나 있을 것이다.

몬토우토 유적지 Hospital de Montouto

출발지로부터 174.1km | **걸은 거리** 9.1km | **산티아고 대성당까지** 147.3km

이곳부터 내리막이 3.6km 정도 지속된다. 줄지어 서 있는 풍력발전기 아래로 수풀 길이 이어진다. 잠시 평탄해지는 듯싶다가 숲속으로 더 심한 내리막이 계속된다. '엘메손El mesón'이라는 바르를 지나면 곧 LU-530과 순례길이 하나가 되어 파라다베야에 진입한다.

파라다베야 Paradavella

출발지로부터 177.7km | **걸은 거리** 12.7km | **산티아고 대성당까지** 143.7km

주요시설 바르 El mesón, Casa Villar

파라다베야에 위치한 '카사비야르Casa Villar'라는 바르는 높은 산을 올라가기 전 휴식을 취하기 안성맞춤인 곳이다. 나는 이곳에서 하몽 & 치즈 보카디요를 먹었는데, 아주 푸짐하면서도 저렴하니 점심식사, 혹은 간식으로 추천한다.

마을을 벗어나며 오른쪽 시골길을 통해 숲이 우거진 산기슭으로 올라간다. 힘들지만 그만큼 아름다운 구간이다. 차도로 올라온 후 아칼사다A Calzada까지 내려

가기 위해 길을 건너간다. 아데골라다라는 작은 마을에 곧 도착하게 된다.

아데골라다 A Degolada
출발지로부터 180.2km | **걸은 거리** 15.2km | **산티아고 대성당까지** 141.2km

산로우렌소 교회Iglesia de San Lourenzo를 지나 다음 분기점에서 왼쪽 길을 택해야 한다. 숲을 지나면 아름다운 주목나무가 서 있는 오코우토O Couto에 이르게 된다. 여기서부터 약 1km 정도 절대 잊을 수 없을 정도로 힘겨운 오르막이 이어진다. 하지만 의외로 통신 전파가 잘 잡히는 곳이기에 가족, 연인, 친구와 전화를 하면서 오르면 좀 덜 힘들 것이다. 차도에 도착하면 아라스트라이다.

아라스트라 A Lastra
출발지로부터 182.6km | **걸은 거리** 17.6km | **산티아고 대성당까지** 138.8km
주요시설 바르 Casa Miranda

지금은 바르로 사용되고 있는 오래된 교회 건물을 하나 지나면 좌측으로 굉장히 가파른 오르막이 또 이어진다. 가쁜 숨을 쉬다보면 폰타네이라 정상에 도달하고, 소나무 숲을 통해 내려온다. LU-530에 합류해 계속 내려가다 보면 폰타네이라라는 동명의 마을이 나온다.

∨
폰타네이라 Fontaneira
출발지로부터 185.4km | **걸은 거리** 20.4km | **산티아고 대성당까지** 135.7km
주요시설 바르 Casa Bortelon

오늘의 종착지 오카다보까지는 약 1시간 정도 남았다. 폰타네이라를 벗어나며 도로 좌측으로 순례길이 분리된다. 공동묘지를 지나면 다시 차도로 돌아오게 되고 1km 정도 지속해서 간다. 도로 우측으로 순례길이 벗어난 후, 과거 이슬람 세력과 전쟁을 벌였다고 알려져 있는 고원 캄포다마탄사Campo da Matanza를 통과한다. 이후 축구장 옆길로 내려가다 보면 오카다보 초입 길 오른쪽으로 들어서자마자 공립 알베르게를 만나게 된다.

∨
오카다보 O Cádavo
출발지로부터 190.2km | **걸은 거리** 25.2km | **산티아고 대성당까지** 131.2km
주요시설 완비

Day 9

오카다보 ~ 루고 (O Cádavo ~ Lugo)

총 길이 30.5km

오카다보 O Cádavo

출발지로부터 190.2km | **걸은 거리** 0km | **산티아고 대성당까지** 131.2km

주요시설 완비

시청 뒤편에 있는 광장을 지나 오카다보를 벗어난다. 갈림길에서 표시석을 따라 왼쪽을 택하고 프라데다Pradeda까지 올라간다. 프라데다에 올라 보는 오카다보의 전경은 참 아름답다. 경사진 길을 조금 더 지나고 나면 순례길은 LU-530 도로에 접근하며 바케리사 고개 정상에 오르게 된다. 표시석에 나와 있듯 산티아고 대성당까지 남은 거리는 131.636km이다.

바케리사 고개 정상 Alto da Vaqueriza

출발지로부터 192.4km | **걸은 거리** 2.2km | **산티아고 대성당까지** 129km

순례길은 차도 근처에서 흙길로 계속 이어진다. 1km를 조금 넘게 가면 루고 지방의 넓은 평원인 차이라Chaira의 멋진 뷰가 펼쳐진다. 즐겁게 걸을 수 있는 내리막길이 이어지고 곧 카르메 예배당Capilla del Carme(구글 지도에서는 'Iglesia do Carme')을 지나가게 되는데, 이곳에도 샘과 휴식공간이 있다. 빌라바데까지 아스팔트길을 따라 내려간다. 머지않아 산타마리아 교회Parroquia de Santa María de Vilabade라고도 불리는 카스트로베르데 성당을 보게 되는데, 스페인 문화재로 등록이 된 역사 깊은 곳이므로 쎄요도 받을 겸 들러볼 만하다. 동절기가 아니라면 성당 앞에서 간단한 음식을 파는 푸드트럭도 볼 수 있다.

빌라바데 Vilabade

출발지로부터 196.4km | **걸은 거리** 6.2km | **산티아고 대성당까지** 125km

주요시설 노점계절별 운영여부 상이

지방도로를 따라가면 카스트로베르데 초입에서 LU-530에 합류한다. 합류지점 우측에는 카스트로베르데 공립 알베르게가 있다. 표시석을 따라 도로 왼편으로 난 작은 샛길로 가면 산티아고 교회Iglesia de Santiago가 나오고, 근처에서 독특한 모양의 샘과 시청사 건물을 볼 수 있다.

카스트로베르데 Castroverde

출발지로부터 198.8km | **걸은 거리** 8.6km | **산티아고 대성당까지** 122.6km

주요시설 완비

오늘의 종착지 루고까지는 앞으로 20km가량 남아 있지만 그동안에 제대로 된 상점이나 식당을 만날 일이 많지 않다. 웬만하면 이곳에서 식사를 하고 가도록 하자.

시청사를 오른편에 두고 루아다폰테Rúa da Fonte라는 길로 밤나무 숲으로 간다. 분기점이 나오는 곳에서 차도를 건넌 후 좌측에 자리 잡은 터널을 지나간다. 아스팔트길은 산미겔도카미뇨로 내려간다.

산미겔도카미뇨 San Miguel do Camiño

출발지로부터 200.1km | **걸은 거리** 9.9km | **산티아고 대성당까지** 121.3km

어느덧 오비에도 대성당에서부터 200km 넘게 걸어왔다. 오솔길과 차도를 왔다 갔다 하며 루고 지방의 평원 차이라를 가로질러 간다. 차모소 강Río Chamoso을 건넌 후에는 잠시 차도를 따라가다 좌측 가로 벗어나 다시 숲길이 이어진다. 개울을 두 번

더 건너면 교회가 하나 나타나며 작은 마을 소우토데토레스에 다다른다.

소우토데토레스 Souto de Torres
출발지로부터 202.7km | **걸은 거리** 12.5km | **산티아고 대성당까지** 118.7km

남쪽으로 마을을 통과해 다시 개울을 건너자. 순례길은 바로 아스팔트길로 이어지고, 석조건물인 메손데프라이아스Mesón de Fraias를 지나게 된다. 이후 젖소 외양간이 있는 아스팔트길 삼거리에서 왼쪽으로 간다. 오래된 돌 십자가가 세워진 나델라Nadela까지 지나면 자판기가 있는 빌라르데카스가 나온다.

빌라르데카스 Vilar de Cas
출발지로부터 205.2km | **걸은 거리** 15km | **산티아고 대성당까지** 116.2km
주요시설 알베르게, 바르, 음료 | 스낵 자판기

마을 초입에서 최근에 생긴 '아포시냐데무니스A Pociña de Muñiz'라는 바르 겸 알베르게에 잠시 들렀다가길 추천한다. 주인도 매우 친절하고 중세 시대 곡식창고를 연상케 하는 내부 인테리어도 아늑하다.

빌라르데카스에서 기본 루트를 벗어나 소우토메리예

Soutomerille로 우회하는 길로 갈 수도 있다. 우회길은 기본 루트보다 더 오랜 역사를 자랑하는데, 로마 시대 이전에 지어진 오래된 교회(구글 지도에서는 'Igrexa de San Salvador de Soutomerille')를 볼 수 있다고 한다. 10분 정도 돌아가는 셈이지만, 굉장히 특이하게 생긴 나무도 볼 수 있어 우회할 만한 가치가 있다.

모래 야적장 근처에서 우회길과 기본 루트는 하나가 되고, 로메안 강Río Romeán을 건넌다. 길은 LU-P-2917 도로에 접어들고, 곤다르까지 이어진다.

곤다르 Gondar

출발지로부터 207.8km | **걸은 거리** 17.6km | **산티아고 대성당까지** 113.6km

주요시설 음료 | 스낵 자판기

계속해서 차도를 따라 프랑스 언덕Cuesta Francesa을 올라간다. 오르막 끝에는 채석장이 하나 나오고, 200m 정도 내려온 후 차도 오른쪽으로 순례길이 분리된다. 바스쿠아스Bascuas라는 작은 마을 왼편으로 길이 이어진다. 곧 갈림길이 나오는데, 오른쪽으로 돌아 LU-530에 나란히 가는 오솔길을 따라가도록 한다. 잠시 후 좌회전을 하고, 도로 근처의 숲길로 가다가 곧 도로에 합류한다. 합류점부터 1.4km를 나아가면 농장 하나와 개울 하나가 나온다. 만소이Manzoi를 가리키는 이정표가 보이면 우측 언덕길로 올라간다. 250m 정도 간 후 다시 왼편으로 벗어나고, 개울을 하나 건너 아스카사스다비냐로 접어든다.

아스카사스다비냐 As Casas da Viña

출발지로부터 214.7km | **걸은 거리** 24.5km | **산티아고 대성당까지** 106.7km

이곳부터 순례길이 넓고 편해진다. 300m 전방에 바르가 있다는 안내표지를 지나 곧바로 변전소를 지난다. A-6 고속도로를 육교로 건너고, 론다에스테Ronda Este라는 도로도 흙길로 건너간다. 곧이어 카스텔로에 도착한다.

카스텔로 Castelo

출발지로부터 218.6km | **걸은 거리** 28.4km | **산티아고 대성당까지** 102.8km

창카Chanca까지 내려간다. 폰테다창카Ponte da Chanca라는 고풍스럽고 웅장한 다리를 저 멀리 왼편에 두고, 우리는 작은 다리로라토 강Río Rato(구글 지도에서는 'Río da Chanca')을 건너간다. 루아다찬카Rúa da Chanca라는 길을 따라 순례길이 이어지고

이 길은 기찻길 아래를 통과한다. 잠시 후 나타나는 계단을 올라가면 간만에 도시다운 도시에 도착하게 된다. 카미노 프리미티보 광장Praza do Camiño Primitivo 좌측에 위치한 카릴다스플로레스Carril das Flores를 따라 올라가도록 한다. 곧이어 세계문화유산에 등재된 루고의 거대한 성벽을 마주하게 된다. 이중에서 루아산페드로Rúa San Pedro가 이어지는 산페드로 문으로 가야 한다. 그곳에는 스페인어로 "9세기에 알폰소 2세가 최초로 이곳을 통과하며 프리미티보 길이 시작됐다."라고 적혀 있다. 문을 통과한 뒤 오른편에 처음으로 등장하는 골목 루아다스노레아스Rúa das Noreas로 들어가면 공립 알베르게가 있다.

루고 Lugo

출발지로부터 220.7km | **걸은 거리** 30.5km | **산티아고 대성당까지** 100.7km

주요시설 완비

Day 10

루고 ~ 산로마오다레토르타 (Lugo ~ San Romao da Retorta)

총 길이 19.7km

루고 Lugo

출발지로부터 220.7km | **걸은 거리** 0km | **산티아고 대성당까지** 100.7km

주요시설 완비

루아산페드로로 다시 나와 성곽 안쪽을 향해 간다. 약 300년 전에 지어진 시청사와 교회 사이를 지나가면 마요르 광장Praza Maior이 나온다. 전형적인 스페인의 광장의 아름다움을 갖춘 곳이니, 이곳에 있는 카페에서 아침식사를 하거나 커피 한 잔 마시고 가면 좋다. 광장의 끝에서 계단을 내려가면 루고 대성당Catedral de Santa María de Lugo이 있는 산타마리아 광장Praza de Santa María으로 이어진다. 이곳에서부터 구시가지를 벗어나는 방법에는 두 가지가 있다. 계속 직진을 해서 산티아고 문Puerta Santiago을 통해 나갈 수도 있고, 성당 정면의 광장에서 오른쪽으로 난 길을 따라 미냐 문Puerta Miñá으로 나갈 수도 있다. 두 길은 5분 정도 걸어간 후 하나로 합쳐진다. 중요한 건 어느 문으로 나갔느냐가 아니라, 이제 산티아고 대성당까지는 100km도 남지 않았다는 사실이다.

산티아고 문으로 나간 경우 맞은 편 약국을 끼고 돌아 루아산티아고Rúa Santiago로 간다. 이후 계단을 내려가서 우측의 칼사다다폰테Calzada da Ponte 길로 빠져 도로 밑을 두 번 지나치면, 곧장 미뉴 강Río Miño가에 이르러 폰테로마나Ponte Romana라는 아주 오래된 돌다리를 만나게 된다. 돌다리를 건너면 세 갈래 길을 마주하게 되는데, 오른쪽으로 꺾어 강과 가까운 길로 직진하도록 하자. 스포츠클럽을 지나면 곧 산라사로 예배당Capilla de San Lázaro과 옛날 한센병 환자들을 돌보던 병원도 통과하게 된다.

산라사로 San Lázaro

출발지로부터 223km | **걸은 거리** 2.3km | **산티아고 대성당까지** 98.4km

주요시설 완비

언덕을 통해 미뉴 강기슭으로부터 멀어지면 형형색색의 주택단지가 나온다. 이곳을 지나 갈림길에서 화살표를 따라 우측으로 언덕 오르막이 계속된다. 오르막이 끝나면 내리막은 N-540 지방도로로 이어지고 터널을 하나 지난다. 이어지는 갈림길에서 왼쪽 길로 로우사네타Louzaneta 마을을 가로질러 LU-232 도로에 합류한다. 교차로에서 직진해 부르고Burgo, 산로만San Román, 팔라스데레이Palas de Rei 방향의 LU-P-2901길로 간다. 가다가 아스팔트에서 벗어나 오른쪽 도로변에 있는 오솔길로 간다. 산토마티아스Santo Matías 교회를 금방 지나게 되고 이 길로 세오아네까지 계속 간다. 교차로를 떠난 뒤로부터 약 40분 정도 소요된다.

세오아네 Seoane

출발지로부터 228.2km | **걸은 거리** 7.5km | **산티아고 대성당까지** 93.2km

길은 메라Mera 평원으로 계속해서 나아간다. 카리게이로스Carrigueiros에서 갈리시아식 석조 저택을 지나면 얼마 가지 않아 산바르톨로메 예배당Capilla de San Bartolomé이 나타난다.

500m 이후에는 휴식공간과 샘을 볼 수 있고 산비센소도부르고(구글 지도에서는 'O Burgo')로 가는 오르막이 이어진다. 순례길에서 오른편으로 100m 조금 넘게 떨어진 곳에는 바르와 오래된 교회가 하나 있다.

산비센소도부르고 San Vicenzo do Burgo

출발지로부터 230.6km | **걸은 거리** 9.9km | **산티아고 대성당까지** 90.8km

주요시설 바르 As Searas

LU-P-2901의 아스팔트길이 한참 이어진다. 루고에서부터 약 11km 지점에서는 우측에 로마 시대의 벽화를 볼 수 있는 교회인 산타바이아데보베다Santa Baia de Bóveda로 가는 우회로를 지난다. 우회로를 지나쳐 순례길을 따라 약 900m 정도를 더 가서는 차도 우측 숲으로 순례길이 분리된다. 개울가를 건너면 바로 바쿠린에 도달한다.

바쿠린 Bacurín

출발지로부터 234.2km | **걸은 거리** 13.5km | **산티아고 대성당까지** 87.2km

500m가량 걸어가서 산미겔 교회Iglesia de San Miguel de Bacurín(구글 지도에서는 'Igrexa de San Miguel de Bacurín')를 보기 위해 우측으로 100m 정도 이어진 샛길로 잠시 벗어나보도록 하자. 같은 이름의 저택이 교회와 함께 자리 잡고 있다. 교회 앞 공터에서 그늘진 길을 통해 가다보면 LU2091 차도가 또 나온다. 이 길을 따라 오파소O Paso, 오스피탈Hospital 등을 지나간다. 남은 거리 87.161km를 표시하는 비석이 나오는 곳에서 차도를 벗어나지만 금세 돌아오게 되고, 산페드로데아바이쇼San Pedro de Abaixo)를 지나 괜찮은 식당이 있는 타보에이로에 접근하게 된다.

타보에이로 Taboeiro

출발지로부터 238.4km | **걸은 거리** 17.7km | **산티아고 대성당까지** 83km

주요시설 식당 Mesón de Crecente

크레센테Crecente로 가는 우회길로 조금만 가면 갈리시아 전통음식을 파는 식당이 나온다. 관심이 없다면 이 우회길을 지나쳐 산로마오다레토르타의 교

회가 나올 때까지 찻길만을 따라간다. 20분 정도 걸어가면 산로마오다레토르타에 들어서게 된다. 순례길 우측에 알베르게들이 있다. 교회 주변에는 바르 등 먹을 것을 구할 수 있는 곳이 몇 군데 있다.

산로마오다레토르타 San Romao da Retorta, Castrelo

출발지로부터 240.4km | **걸은 거리** 19.7km | **산티아고 대성당까지** 80.7km

주요시설 알베르게, 술집

길 왼편으로 복제된 로마 비석까지 지나면 사거리가 나오는데 직진한다. 몇 분 이내에 알베르게들이 보일 것이다. 공립 알베르게가 분명히 산로마오의 알베르게라고 명명되어 있지만, 행정구역상으로는 카스트렐로Castrelo에 가까워 옆에 지명을 추가했다.

Day 11

산로마오다레토르타 ~ 멜리데 (San Romao da Retorta ~ Melide)

총 길이 27.7km

산로마오다레토르타 San Romao da Retorta, Castrelo

출발지로부터 240.4km | **걸은 거리** 0km | **산티아고 대성당까지** 80.7km

주요시설 알베르게, 술집

경로 찾기는 더는 어렵지 않다. 갈리시아 자치주 정부에서 조가비와 화살표가 병기된 표시석들을 2017년 3월에 새로 잘 정비해놓았기 때문이다. 공립 알베르게를 지나 차도를 따라 직진하며 하루를 시작한다. 첫 번째 분기점에서 우회전한 후 언덕을 올라간다. 이어지는 내리막에서 교차로가 몇 번 나오지만 신경 쓰지 말고 계속 직진한다. 내리막이 끝나는 곳에서 순례길이 왼편으로 접어들면 목초지로 다시 오르막이 시작된다. 차도를 하나 가로 지른 후 시골길로 내려간다. 개울도 하나 건너게 되고, 오부르고데네그랄까지 쭉 간다. 오부르고데네그랄에는 '링콘콘아르테Rincón con Arte'라는 수공예 기념품 가

게가 있는데, 이곳에서는 과일, 음료, 아이스크림 등의 간식도 기부제로 판매하고 있다.

∨

오부르고데네그랄 O Burgo de Negral

출발지로부터 243.5km | **걸은 거리** 3.1km | **산티아고 대성당까지** 77.9km

주요시설 기부제 과일, 음료 가게

시골길은 비야카르피도Villacarpido와 오파시오O Pacio를 향해서 계속된다. 오파시오에서 1km 조금 넘게 더 가면 왼편으로 팔라스데레이Palas de Rei, 오른편으로 프리올Friol을 가리키는 LU-231 도로가 나온다. 이 도로를 건너 메를란Merlán 방향으로 직진한다. 600m 정도 더 가면 바르와 알베르게가 있는 아코벨라A Covela(구글 지도에서는 'Pena de Galiña')에 다다르게 된다.

아코벨라에서 왼쪽으로 꺾어 카사다폰테Casa da Ponte를 지난다. 이후 다리를 하나 건너 오른쪽으로 꺾고, 타일이 깔린 길을 잠시 따라 걷다 LU-P-2901로 합류한다. 금세 폰테페레이라 알베르게가 위치한 오카르바얄에 다다르게 된다.

오카르바얄 O Carballal

출발지로부터 247.9km | **걸은 거리** 7.6km | **산티아고 대성당까지** 73.5km

주요시설 사립 알베르게

오카르바얄을 지나 계속 직진한다. 왼쪽으로 아스발랑카스As Balancas로 빠지는 길을 지나고, 갈림길이 나와도 표시석만 따라 유칼립투스 나무가 가득 찬 길을 따라간다. 가다 보면 왼쪽 가장자리로 순례길이 벗어나고 아레보레이라A leboreira를 통과하게 된다. 숲길로 진입하여 샘과 피크닉 쉼터를 지나면 산슈르소데아우가스산타스San Xurxo de Augas Santas(구글 지도에서는 'Iglesia de Xan Xorxe') 교회가 나온다.

산슈르소 San Xurxo

출발지로부터 251.3km | **걸은 거리** 10.9km | **산티아고 대성당까지** 70.1km

몬테셀로Montecelo를 지나 리바달Ribadal을 통과하기 위해 차도 왼편으로 벗어난다. 벗어났던 순례길이 다시 차도로 돌아온 후에는 메를란을 가로지르는 오솔길이 이어진다. 메를란에 도착하면 로마 시대의 교회가 또 하나 우리를 맞이해준다. 이어서 아스세이샤스에 접근하기 위해 차도를 또 한 번 벗어난다. 갈리시아 주정부에서 운영하는 알베르게가 순례길 오른편에 가까이 자리 잡고 있다.

아스세이샤스 As Seixas

출발지로부터 253.4km | **걸은 거리** 13km | **산티아고 대성당까지** 68km

주요시설 공립 알베르게, 바르

아스세이샤스를 떠나며 '카사고리뇨스Casa Goriños'라는 바르를 지난다. 이후 개울을 하나 건너 오른쪽으로 꺾으면 산티아고 대성당까지 68.453km가 남았다는 표시석을 볼 수 있다. 다음 교차로에서 왼쪽으로 꺾어 카사카미뇨까지 우거진 길을 올라간다.

카사카미뇨 Casacamiño

출발지로부터 255km | **걸은 거리** 14.6km | **산티아고 대성당까지** 66.4km

주요시설 호텔, 바르

두어 번의 곡선길을 지나면 곧바른 오솔길이 나온다. 산티아고까지 66.245km가 남은 지점에선 무지개가 그려진 유명한 표시석을 볼 수 있다. 사진 한 장 찍은 후 좀 더 가면 오스피탈데아스세이샤스로 길이 이어진다.

오스피탈데아스세이샤스 Hospital de As Seixas

출발지로부터 256.2km | **걸은 거리** 15.8km | **산티아고 대성당까지** 65.2km

이곳에는 바르나 레스토랑이 있진 않지만, 한 불가리아인이 거주하며 순례자들이 잠시 쉬어갈 수 있는 공간을 제공해주고 있어 커피 한잔 하고 갈 수 있다. 차도를 따라 루고와 아코루냐 지방을 갈라놓는 산맥을 넘어간다. 이후 나타나는 아스팔트 내리막길은 아주 완만하고 탁 트여 있어 아주 쾌적하다. 또 한번 크게 노래를 틀어놓고 가기 좋은 구간이라고 생각한다. 왼편으로 아르나데Arnade로 가는 길을 지나치면 몇 분 후 왼편 흙길로 순례길이 분리되어 빌로우리스로 들어가게 된다.

빌로우리스 Vilouriz

출발지로부터 259.4km | **걸은 거리** 19km | **산티아고 대성당까지** 62km

작은 마을을 떠나며 교회를 하나 지난다. 이후 나오는 개울을 건너면 산에스테보 교회Iglesia parroquial de San Estevo를 만난다. 위de Arriba와 아래de Abaixo로 구획이 나눠진 빌라모르Vilamor라는 마을을 지나면 이라고데아리바가 나온다. 이곳에는 넓은 마당에 강아지와 고양이들이 쉬고 있는 '바르 카르부로Bar Carburo'가 있다. 토스트와 커피를 즐기기 좋은 곳이다.

이라고데아리바 Irago de Arriba

출발지로부터 262.5km | **걸은 거리** 22.1km | **산티아고 대성당까지** 58.9km

주요시설 바르 Bar Carburo

차도를 따라 내려가 이날 코스 중 최저 고도지점에서 작은 개천과도 같은 푸렐로스 강Río Furelos을 건넌다. 아스팔트 길은 콤포스텔라Compostela, 사라밀Zaramil 등의 마을을 지나치고 개천을 하나 더 건너게 된다. 이후 2km 정도를 더 가면 갑자기 많은 인파가 보이기 시작할 텐데, 그곳은 프랑스 길과 프리미티보 길이 합쳐지는 지점이다. 오리베이로O Ribeiro에서 DP-4604 도로로 가면 오포르테노보O Forte Novo를 지나 이날의 종착지인 멜리데까지 직선으로 이어진다.

멜리데 Melide

출발지로부터 268.1km | **걸은 거리** 27.7km | **산티아고 대성당까지** 53.3km

주요시설 완비

Day 12

멜리데 ~ 오페드로우소 (Melide ~ O Pedrouzo)

총 길이 33.3km

멜리데 Melide

출발지로부터 268.1km | **걸은 거리** 0km | **산티아고 대성당까지** 53.3km

주요시설 완비

콘벤토 광장Praza do Convento으로 오면 큰 성당 하나와 함께 과거 순례자 숙소로 쓰였던 박물관Museo da Terra de Melide이 있다. 광장을 떠나 루아산안토니오Rúa San Antonio길로 가면 시청과 예배당을 지난다. 공립 알베르게를 따라서 돌아 걸어가면 루아프린시팔Rúa Principal을 통해 멜리데 밖으로 벗어난다. 골짜기가 보이는 내리막을 따라가면 N-547 도로와 마주하게 되고, 길을 직진으로 건너가 산마르티뇨San Martiño 방향으로 가는 CP-4603 길을 따라간다. 길 왼편으로 '필마르Pilmar'라는 레스토랑이 나오면 오른쪽으로 꺾어 산타마리아 교회로 간다.

산타마리아데멜리데 Santa Maria de Melide

출발지로부터 269.1km | **걸은 거리** 1km | **산티아고 대성당까지** 52.3km

주요시설 식당 Pilmar

어제 지나갔던 곳과 같은 이름인 오카르바얄O Carballal까지 지난 후, 개울을 하나 건널 때까지 유칼립투스와 각종 낙엽수에 빽빽하게 둘러싸인 길을 간다. 아름다운 경치를 즐기면서 라이도Raído로 향한다. 이후 순례길은 N-547 도로와 다시 멀어지며 파라비스포Parabispo로 나아간다. 유칼립투스 숲으로 발베르데 개천Arroyo de Valverde을 건너면 곧 남은 거리 45.5km를 나타내는 표시석이 있는 아페로사A Peroxa에 도착한다. 알베르게와 바르 등이 있는 보엔테도 곧이어 등장한다.

보엔테 Boente

출발지로부터 273.9km | **걸은 거리** 5.8km | **산티아고 대성당까지** 47.5km

주요시설 알베르게, 바르

산티아고 교회Iglesia de Santiago를 지나서 우측으로 돌고 보엔테 강까지 길을 따라 내려간다. 터널을 하나 지나 목장 가장자리를 걷다보면 N-547 가까이로 올라가는 고된 오르막이 이어진다. 흙길은 차도 왼편의 인도로 이어지고 폰테플라타 Fonte Plata, 아프라가 알타 등의 마을을 지나게 된다. 이 동네에서는 순례자들이 트리아카스텔라Triacastela에서부터 가져온 돌들을 쌓아 만든 석회가마들을 볼 수 있다.

아프라가 알타 A Fraga Alta

출발지로부터 276.1km | **걸은 거리** 8km | **산티아고 대성당까지** 45.3km

주요시설 알베르게, 바르 No Camiño

아스팔트길을 따라 내려가 개울을 건넌다. 이제 도로냐 Doroña로 가는 우회로는 왼편으로 지나 오르막을 다시 올라가야 한다. 이후 거의 계속해서 시골길로 이소 강Río Iso까지 2km 정도를 내려간다. 중세 시대의 다리를 건너면 바로 리바디소다바이쇼가 나온다.

리바디소다바이쇼 Ribadiso da Baixo

출발지로부터 279.2km | **걸은 거리** 11.1km | **산티아고 대성당까지** 42.2km

주요시설 알베르게, 식당 Mesón Ribadiso

다리 건너 강변에는 바로 공립 알베르게가 자리 잡고 있고, 그 뒤에는 식당과 두 곳의 사립 알베르게가 있다. N-547 도로에 다다를 때쯤에는 알베르게를 하나 더 보게 된다. N-547 도로와 나란히 이어지는 오솔길로 아르수아를 향해 올라간다. 이곳에서 묵고 가는 순례자들도 많아, 마을 초입에서 많은 사립 알베르게를 볼 수 있다. 조금 더 가서 큰길 왼편에 위치한 루아시마도루가르Rúa Cima do Lugar를 찾아 들어가면 길 끄트머리에 공립 알베르게가 있다.

아르수아 Arzúa

출발지로부터 282.3km | **걸은 거리** 14.2km | **산티아고 대성당까지** 39.1km

주요시설 완비

식당들이 많은 곳이므로 점심식사를 해결하고 가기에 최적의 지점이다. 식사를 한 후 돌이 평평하게 깔려 있는 루아도카르메Rúa do Carme로 출발한다. 도심을 벗어나 시골길에 접어들면 프랑스인의 샘La fuente os Franceses까지 내려가고 곧 나오는 개천을 건넌다. 머지않아 남은 거리 36km 표시가 있는 산라사로 예배당Capilla de San Lázaro이 나타난다. 실개천이 하나 나올 때까지 숲길로 내려가고, 이후 다시 오르막길을 가다보면 프레군토뇨에 도착한다.

프레군토뇨 Preguntoño
출발지로부터 284.4km | **걸은 거리** 16.3km | **산티아고 대성당까지** 37km

터널로 N-547을 지나면 가파르지만 길지 않은 오르막이 나온다. 옥수수밭을 가로 질러가면 이날의 보엔테 근처 마을과 이름이 같은 아페로샤가 나온다. 유칼립투스 숲이 점점 빽빽해진다. 낙엽이 쌓인 길을 따라 라드론 개천Rego Ladrón까지 내려간다. 600m 전방에 사립 알베르게인 카미뇨다스오카스Albergue Camiño das Ocas로 빠지는 우회로가 나타난다. 이후 타베르나베야Tabernavella를 지나면 바르가 있는 칼사다에 진입한다.

칼사다 Calzada

출발지로부터 288.1km | **걸은 거리** 20km | **산티아고 대성당까지** 33.3km

주요시설 바르 Casa Calzada

연결된 차도를 건너며 마을을 벗어난다. 30분 정도 후면 카예라는 마을에 도착할 텐데 그 직전에 카사티아돌로레스Casa Tía Dolores라는 바르가 눈길을 사로잡을 것이다. 빈 맥주병 수백 개로 입구를 장식을 해놓은 이곳도 잠시 쉬어가기에 좋다.

카예 Calle

출발지로부터 289.9km | **걸은 거리** 21.8km | **산티아고 대성당까지** 31.5km

주요시설 알베르게, 바르 Casa Tía Dolores, Bar Casqueiro 1, 잡화점

개울을 건넌 다음에 보아비스타Boavista, 살세다로 이어지는 N-547 근처의 길을 따라간다. N-547을 가로질러 왼쪽으로 400m 정도에는 사립 알베르게인 투리스티코살세다Albergue turístico Salceda가 있다.

살세다 Salceda

출발지로부터 292.9km | **걸은 거리** 24.8km | **산티아고 대성당까지** 28.5km

주요시설 알베르게, 바르, 약국

차도 갓길로 '카사베르데Casa Verde'라는 바르와 보니BONI라는 알베르게를 지난다. 이후 차도 바로 우측 옆으로 흙길이 안전하게 분리되어 이어진다. 언덕을 조금 올라가면 순례 중에 사망한 여행자 기예르모 와트Guillermo Watt를 추모하는 동판이 나온다. 더 위로 올라가면 다시 차도 근처로 순례길이 흘러들고, 트랙터 대리점을 지나자마자 차도 반대편에 이어지는 숲길로 건너가도록 한다. 순례길은 계속해서 국도 좌측으로 이어지며 라스Ras를 지나간다. N-547을 짧은 굴다리로 지나면 오피노O Pino의 갈래길을 택하여 온 북쪽 길Camino del Norte 순례자들과도 합류하게 된다. 곧이어 아브레아가 나온다.

아브레아 A Brea

출발지로부터 295.7km | **걸은 거리** 27.6km | **산티아고 대성당까지** 25.7km

주요시설 펜션, 식당 Marela Cantina

아라비냐A Rabiña에서 남은 거리 23km 표시석을 지난다. 국도와 나란히 난 길로 오엠팔메로 가는 무난한 오르막을 올라간다. 중간 정도 가면 풍차와 샘이 있는 휴식처가 있다. 정상에서 오르면 양편에 바르가 있는 차도가 나오고, 이 차도를 가로질러 가면 오엠팔메에 도착한다.

오엠팔메 O Empalme

출발지로부터 297.5km | **걸은 거리** 29.4km | **산티아고 대성당까지** 23.9km

주요시설 식당, 바르

이어서 유칼립투스 숲으로 내려가는 길을 따라간다. 더 내려가면 다시 한 번 N-547 도로 아래를 터널로 지나게 되고, 곧 샘이 하나 딸려 있는 산타이레네 예배당Ermita de Santa Irene이 모습을 드러낸다.

산타이레네 Santa Irene

출발지로부터 298.3km | **걸은 거리** 30.2km | **산티아고 대성당까지** 23.1km

주요시설 알베르게, 바르 Ar Sant Yag

사립 알베르게, 공립 알베르게까지 지나면 빽빽한 유칼립투스 숲으로 들어가게 된다. 남은 거리 20km 표시석을 지나 다시 굴다리로 차도를 지난다. 집 몇 채와 제재소를 지나면 아루아에 도착한다.

아루아 A Rúa

출발지로부터 300.1km | **걸은 거리** 32km | **산티아고 대성당까지** 21.3km

주요시설 호텔, 펜션, 식당 O Acivro

어느덧 총 이동거리가 300km를 넘었다. 산티아고가 멀지 않았다는 뜻이다. 아스팔트길로 가다보면 N-547 가장자리로 합류하게 된다. 쭉 올라가면 오페드로우소에 도착한다.

오페드로우소 O Pedrouzo

출발지로부터 301.4km | **걸은 거리** 33.3km | **산티아고 대성당까지** 20km

주요시설 완비

Day 13

오페드로우소 ~ 산티아고데콤포스텔라 (O Pedrouzo ~ Santiago de Compostela)

총 길이 20km

오페드로우소 O Pedrouzo

출발지로부터 301.4km | **걸은 거리** 0km | **산티아고 대성당까지** 20km

주요시설 완비

이제 산티아고 대성당까지는 단 20km 남았다. 차도를 따라 계속 나아가다가 루아도콘세요Rúa do Concello 길로 시청을 오른편에 끼고 꺾어 들어간다. 500m 정도 직진하면 학교와 운동장이 나온다. 이곳에서 좌측으로 90도 꺾는다. 낙엽으로 덮힌 흙길로 유칼립투스 숲으로 들어갔다가 길에서 벗어나며 산안톤San Antón에 이르게 된다. 산안톤을 떠나며 다른 숲으로 들어간다. 우거진 숲을 지나면 아메날Amenal이라는 작은 마을이 나온다. 아스팔트길이 이어지고 개천을 지난 후 다시 굴다리로 N-547을 통과한다. 가파른 오르막을 잠시 오르면 시마데빌라에 도착한다.

시마데빌라 Cimadevila

출발지로부터 305.4km | **걸은 거리** 4km | **산티아고 대성당까지** 16km

오르막은 20분가량 이어지지만 후반으로 갈수록 완만해진다. 고개 정상에서 A-54 도로와 N-634 도로 근처에 다다른다. 길을 따라 놓인 담장에서는 수많은 이들이 매달아놓은 작은 십자가들을 볼 수 있다. 지팡이와 조가비가 멋지게 조각된 비석을 만나게 되는데, 산티아고 지방에 들어왔음을 의미한다. 왼편에 활주로를 끼고 공항의 가장자리를 따라 돌아간다. 우측으로 이어지는 길을 따라가면 산파요가 나온다.

산파요 San Paio

출발지로부터 309.1km | **걸은 거리** 7.7km | **산티아고 대성당까지** 12.3km

주요시설 식당 Casa Porta de Santiago

'카사포르타데산티아고Casa Porta de Santiago'라는 식당 겸 바르에서 쉬면 좋다. 이후 순례길은 아스팔트 오르막으로 짧게 이어졌다가 갈림길에서 오른쪽으로 빠져 내려간다. 고속도로 아래를 통과해 내리막을 계속 가면 에스키파Esquipa를 지나 라바코야에 도착한다.

라바코야 Lavacolla

출발지로부터 310.9km | **걸은 거리** 9.5km | **산티아고 대성당까지** 10.5km

주요시설 펜션, 식당, 바르, 상점, 약국

교회를 왼쪽으로 끼고 돌아 N-634를 건너 비야마요르 Villamaior로 가는 길에 접어든다. 100m 정도 가면 라바코야 천 Arroyo de Lavacolla이 나온다. 이곳에서 많은 순례자가 산티아고 도착 전에 경건한 마음으로 더러워진 몸과 옷을 씻고 간다.

무난한 오르막의 아스팔트길이 이어진다. 비야마요르를 지나면 T.V.G Televisión de Galicia 방송국이 나오고, 이를 지나 좌측으로 90도 꺾으면 RTVE Radiotelevisión Española 방송국도 지나게 된다. 그후 우측으로 90도 꺾으면 그 유명한 몬테도고소 Monte do Gozo 앞에 자리한 작은 마을 산마르코스가 나온다.

산마르코스 San Marcos

출발지로부터 316.2km | **걸은 거리** 14.8km | **산티아고 대성당까지** 5.2km

주요시설 식당 Raxeira San Marcos, 상점

직진하는 대신에 왼쪽으로 잠시 벗어나 순례자 기념비를 보러가자. 순례자 동상의 시선을 따라보면 저 멀리 산티아고 대성당이 보인다. 성년이었던 1993년에는 이곳에 기념비와 함께 전 순례길에서 가장 큰 알베르게가 설립되었다. 평소에는 300명, 성년에는 무려 800명까지 수용할 수 있다고 한다. 다음

날 아침 일찍 순례자 미사를 참석하기 위해 마지막 5km를 남기고 이곳에서 머무는 이들이 많다고 한다.

몬테도고소 Monte do Gozo
출발지로부터 316.6km | **걸은 거리** 15.2km | **산티아고 대성당까지** 4.8km
주요시설 알베르게, 바르, 상점, ATM

다시 순례길로 돌아와 식당을 지나쳐 계단이 있는 곳까지 내려간다. 이후 다리를 건너며 드디어 산티아고에 진입한다. 루아데산라사로Rúa de San Lázaro를 따라 직진하면 교차로가 나오고 곧 팔라시오 데콘그레소스 이엑스포시시오네스 데갈리시아Palacio de Congresos y Exposiciones de Galicia라는 컨벤션 센터를 왼편으로 지나게 된다. 다음 교차로에서 우측으로 건너가면 그곳이 공립 알베르게가 있는 곳인데, 1박 이상도 허용하고 있으니 참고하도록 하자. 루아도발리뇨Rúa do Valiño라는 길이 좌측으로 분리되고, 루아다스폰티냐스Rúa das Fontiñas, 루아도스콘체이로스Rúa dos Concheiros로 길 이름이 바뀌지만 신경 쓰지 말고 엄청 큰 교차로가 나올 때까지 10분가량 직진한다. 교차로를 건너서도 과일가게와 상점을 왼편에 두고 루아도스콘체이로스Rúa dos Concheiros로 계속 간다. 추로스 가게가 나오는 지점부터 루아데산페드로Rúa de San Pedro로 길 이름이 바뀌고, 작은 광장이 있는 큰길인 루아데아예르우요아Rúa de Aller Ulloa까지 이어진다.

포르타도카미뇨Porta do Camiño가 있는 곳으로 가기 위해 루아다스카사스레아이스Rúa das Casas Reais를 통해 구시가지로 들어간다. 세르반테스 광장Praza de Cervantes까지 오르막길이 이어지고, 우측으로 돌아 루아다아시베체리아Rúa da Acibechería에 진입하면 곧이어 큰 수도원이 위치한 인마쿨라다 광장Praza da Inmaculada이 나온다.

마지막으로, 골목길을 통해 아르고델팔라시오Arco del Palacio로 들어가면 오브라도이로 광장Plaza del Obradoiro의 모습이 드러난다. 광장 한가운데에 도착해 뒤를 돌아보자. 그토록 고생하며 바라왔던 산티아고 대성당이 장엄한 자태를 드러낸다.

산티아고데콤포스텔라 Santiago de Compostela

출발지로부터 321.4km | **걸은 거리** 20km

주요시설 완비

AUTORIZADO
FACTURACION 5 min.
8954 DHD

Part 4

11일 생생 후기

11일 생생 후기

Day 1	오비에도~그라도
Day 2	그라도 ~ 라에스피나
Day 3	라에스피나 ~ 캄피에요
Day 4	캄피에요 ~ 라메사
Day 5	라메사 ~ 폰사그라다
Day 6	폰사그라다 ~ 오카다보
Day 7	오카다보 ~ 루고
Day 8	루고 휴식일
Day 9	루고 ~ 아세이샤스
Day 10	아세이샤스 ~ 아르수아
Day 11	아르수아 ~ 산티아고데콤포스텔라

Day 1 오비에도 ~ 그라도 (25.8 km)

이동시간 오전 10시 25분 ~ 오후 6시 30분 (8시간 5분) | **도보 수** 약 42,100보 | **등반 경사** 118층 | **지출** 숙소 15유로, 기타 9유로

프랑스 파리에서 아침 7시에 출발하는 비행기를 타고 오비에도 공항으로 건너 온 후, 오전 10시 경 오비에도 시내에 도착했다. 보통 출발도시에 순례 시작 하루 전에 도착하는 일정을 많이 택하지만 나는 당일 바로 출발하는 일정이었다. 이제부터 짧게는 11일, 길게는 2주가 걸리는 여정이 시작된다는 생각에 버스터미널 앞에서 셀카를 찍으며 결의를 다시 한 번 다져봤다.

출발점이라는 오비에도 대성당으로 향했다. 엄숙한 분위기를 풍기는 성당이 역광까지 받아 한층 더 압도되는 느낌을 받았다. 버스터미널에서 그리 멀지 않은 곳에 위치한 이 성당에서 순례자 여권, 즉 크레덴시알과 조가비Concha를 각각 2유로를 지불하고 구매했다. 프리미티보 길이 한산한 코스라고는 들어 알고 있었으나 성당 앞에선 어떤 순례자도 보이지 않아 어째 휑한 느낌이 들기도.

성당 앞에서 출발할 채비를 하던 중, 한 스페인 남자가 와서 대뜸 말을 걸었다.

"산티아고로 가냐?"

하비에르Javier라고 하는 이 사람은 오비에도 알베르게 쪽으로 데려다주겠다며 같이 이동하자고 한다. 나는 알베르게에 묵을 계획이 없는데, 사실 그의 스페인어가 너무나도 빨라 정확히 무슨 말을 하는지 이해하지 못했다. 어차피 알베르게가 순례길이 지나가는 곳에 위치한다는 그의 말에 알았다고는 했지만, 어째 호의가 수상해 계속 거리를 두었다. 일자리를 구하기 위해 오비에도로 이사 온 그는 북쪽 길을 완주한 적이 있다며 이런저런 이야기를 주저리주저리 떠들었지만, 내 부족한 스페인어 실력과 낯선 이에 대한 경계심으로 인해 무슨 이야기를 했는지는 잘 기억이 나지 않는다. 그는 나를 알베르게 앞으로 데려다주고 쿨하게 본인 갈 길을 청했다. 아마도 그는 내가 오늘 오비에도에서 하루 묵고 다음 날 출발하려는 사람으로 보였

나보다. 선심이었다는 걸 알게 되자 뒤늦게 미안한 마음이 들었지만, 이와는 별개로 나는 잘못된 방향으로 왔다는 것을 깨닫고 다시 성당 쪽으로 돌아가야만 했다. 한참 동안.

사무엘 산체스 거리부터 루트로 제대로 돌아왔다. 성 야고보를 상징하는 문양이자 순례길 코스의 방향을 나타내는 조가비 표식을 발견한 것이다. 오비에도 시내를 빠져나가는 길목에서 생맥주 한 잔으로 목을 축였다. 초케라는 바르인데 경로상으로 눈에 띄지 않을 수 없는 곳에 위치하고 있다. 흡사 노인정과 같은 분위기를 풍기는 곳에서 에너지를 충전했다.

육교를 건너 오비에도 시내 외곽으로 나가면서 그림 같은 경치들이 보이기 시작한다. 산 아래 넓게 펼쳐진 잔디밭을 지나면 흡사 제주도 올레길과도 같은 산길을 올라야만 한다. 산비탈에 방목하는 소들이 많이 보인다. 목에 방울을 달아놓기 때문에 보이지 않는 곳에서 딸랑딸랑 소리가 들린다면 대개 목장이라고 생각하면 된다. 소, 말, 양, 염소 등이 보인다.

오후 1시 경, 작은 예배당에서 쉬고 있는 다른 순례자를 처음으로 만났다. 미국에서 온 윌Will이라는 아저씨. 아버지뻘 정도 되어 보이는 이 사람은 자신의 며느리가 한국인이라며 나에게 친근감을 드러냈다. 프리미티보 길에 오게 된 이유, 원래 종사하던 일 등 소소한 이야기를 나누다보니 생각보다 시간이 지체된 듯했다. 물 한 모금 얻어마시고 나는 조금 먼저 발걸음을 옮겼다.

엄청난 경사도 종종 맞닥뜨렸다. 그 와중에 그늘 하나 없어 기온에 비해 너무 더웠다. 순례길 걸으면서 너무나 당연한 이야기이지만, 특히나 첫날은 물을 꼭 여유롭게 챙겨야 한다. 중간중간 음수대가 보이기도 하지만 그리 많지 않다. 나 같은 경우 타이밍을 놓쳐서 3시간 이상 물 한 모금 마시지 못했고, 결국 정체 모를 개울물을 들이켜야만 했다. 목을 축이자 허기가 져오는데, 간만에 시야에 들어와 달려간 식당은 하필 월요일 휴무였다. 첫날부터 〈정글의 법칙〉을 찍는 듯한 느낌이다.

걷다보면 차도로 내려와 걸어야 할 때도 있었다. 쌩쌩 달리는 자동차들을 신경 써야 하는 게 영 불편하지만 그래도 발은 한결 편한 곳이 차도다. 특히 그라도에 들어가는 차도에서는 강가의 경치가 너무나 아름다웠다. 배도 고프고 첫날이라 시간 감각도 없어 마음은 급한데, 연신 셔터를 눌러대느라 발이 느려질 수밖에 없었다.

그라도에 도착했다. 이곳은 프리미티보 순례자들이 일반적으로 첫날의 목적지로 잡는 도시이다. 하지만 나는 조금 더 걸어가고 싶었기에, 그라도 초입에 있는 주유소 편의점에서 간단하게 더 걸어갈 에너지를 보충했다. 목표했던 비야파냐다까지 가기 위해 그라도를 떠나던 도중 갑자기 폭우가 쏟아졌다. 멈출 때까지 기다려보려고 했으나 단순한 소나기처럼 보이지가 않았다. 어쩔 수 없이 발을 돌린 그라도 공립 알베르게는 저녁 7시가 되갈 무렵 이미 만실. 사립 알베르게에서는 2인실밖에 없다며, 누군가 다른 순례자가 올 경우에는 반으로 나눠줄 테니 일단 30유로 가까이 되는 2인실 금액을 지불하란다. 언짢은 기분을 뒤로하고 동네 산책을 나갔는데 그새 비가 그쳤다. 알고 보니, 점심 무렵까진 쨍쨍했다가 이후 비가 한 차례 쏟아지는 일이 이 시기에 일상적이라 하더라. 조금 더 기다려볼걸.

숙소로 들어와 일본과 벨기에의 월드컵 축구 경기를 시청하며 누워 있자니 세르히오Sergio라는 스페인 순례자 한 명이 들어왔다. '아싸! 돈 굳었다!' 속으로 쾌재를 부르며 일찍 잠을 청했다.

Day 2 그라도 ~ 라에스피나 (33.8 km)

이동시간 오전 10시 50분 ~ 오후 7시 40분 (8시간 50분) | **도보 수** 45,897보 | **등반 경사** 204층 | **지출** 숙소 1.3유로, 기타 13.45유로

무지하게 진이 빠진다. 어제보다도 6km 이상이나 더 긴, 무려 32.4km를 걸어서 라에스피나La Espina라는 곳에 도착해, 12인용 알베르게에 혼자 묵으며 글을 쓰고 있다. 넓은 곳을 혼자 써서 쾌적하지만 너무 휑한 기분이 마냥 좋지만은 않다.

출발이 어제보다도 더 늦어졌다. 열흘 이상 스페인에 머물 예정이기에 유심카드를 구매해야 했기 때문. 그라도에 단 하나밖에 없는 휴대전화 판매점이 오전 10시에나 영업을 시작한다는 것을 확인하고 느긋하게 아침을 시작했다. 원래 늦잠을 자고 동네 마트를 가보려고 했으나 눈이 워낙 일찍 떠지는 바람에 8시 반에 그냥 숙소 조식을 먹으러 나갔다. 식당에 내려가 보니 어제 만났던 미국아저씨 윌이 있었다. 어제 밤늦게 익숙한 목소리가 들렸다 싶더니, 혹시나가 역시나였다. 반갑게 인사하고 식사를 같이했다. 둘러보니 우리 둘을 제외하고 모든 순례자들은 이미 떠나버린 듯했다. 한참 수다를 떨던 윌 아저씨도 유심카드가 필요하다고 하여 같이 이동했다. 10.5기가에 20유로라니 나쁘지 않다. 선불 유심카드, 그까짓 게 뭐라고 구매하는 데 한참이나 시간이 소모되어 출발할 채비를 마치니 거의 오전 11시가 다 되었다.

날씨는 어제보다 더 좋았다. 오르막을 가면서도 워낙 햇살이 좋고 경치가 좋아 즐거운 마음으로 산책하듯이 발걸음을 옮겼다. 한 50분가량 윌과 함께 걷다가, 그가 내 페이스를 따라오지 못해 결국 인사하고 앞장섰다.

그런데 외국인의 수다는 역시 상대하기 벅차다. 조식을 먹으러 나간 홀에서 만난 그 순간부터 길 위에서 헤어질 때까지 대략 2시간 반 정도를 함께했는데, 단 한 번도 쉬지 않고 윌의 이야기가 이어졌던 듯하다. 개인적으로 영어로 대화를 하는 것도, 외국인과 교류하는 것도 흥미롭게 생각하지만 일정 시간이 초과될 경우에는 그 정신적인 피로감을 이겨내기가 정말 쉽지 않다. 외국어를 사용해서 생기는 피로감이라기보다는, 서양 문화권에서 온 사람들이 일반적으로 우리보다 발화하는 양이 너무나 많다.

초반에 1시간 정도 오르막 경사가 심했으나 이후에는 내리막이 너무 오래 지속되어 고통스러웠다. 등산화의 사이즈를 잘 못 고른 게 큰 어려움이 되고 있다. 실제 내 발 사이즈보다 신발이 아주 약간 더 큰데, 일상생활이었더라면 별 지장이 없었을 테지만 온종일 걷는 일정을 소화하다보니 그렇지가 않다. 내리막길에서 자꾸 신발 코쪽 빈 공간으로 발이 미끄러지면서 내부 마찰이 발생하기 때문이다. 이틀 차인데 벌써 물집이 심하다. 게다가 날이 습해서인지, 어제와 달리 끊임없이 등장하는 진흙탕도

꽤나 버거웠다. 생각해보니 해가 중천에 뜨면 진흙탕이 더 질펀해진다고 오늘 아침 호텔 주인이 귀띔해줬는데. 게으름의 대가이다.

시골 마을을 지나는 일이 많아서 특이한 형태의 창고가 자꾸 눈에 띈다. 창고 아래쪽에 기둥을 놓아 창고 바닥을 지면에서 1m 이상 띄워놓는 구조이다. 원인을 찾아보진 않았지만 진흙이 아마 원인이 아닐까 싶기도 했다.

오후 1시 반경, 차도 옆의 작은 공원에 매점이 보여 제로콜라 한 캔을 시키고 휴식을 취했다. 걷다가 처음으로 양말도 벗어보았다. 물집 때문에 발은 너무 아팠고, 배고프고, 목이 탔다. 괴롭기는 정말 괴로웠던 것 같다. 조금만 더 가면 식당과 슈퍼 등이 나오는 마을인 걸 알면서도 굳이 쉬어야 했던 걸 보면.

20분 정도 더 걸으니 코르네야나Cornellana라는 마을이 나와 그곳에서 점심식사를 했다. '라타베르나La Taberna'라는 바르에서 파는 스크램블에그와 하몽이 들어간 별 거 아닌 보카디요가 아주 맛있었다.

음식으로 기력을 충분히 보충했지만 쉽지 않은 길이 지속됐다. 지옥 같았다고 메모해놓은 게 있는데 사진은 별로 안 찍어놓아 기억이 흐릿하다.

이름 모를 어느 시골 마을 자판기에서 음료를 하나 뽑아 마시던 중, 덩그러니 옆에 놓인 방명록이 눈에 띄었다. 혹시나 해서 보았는데 웬일? 한국인의 후기가 2개나 있었다. 사람은,

아니 나라는 놈은 참 이중적이다. 프리미티보 길에는 한국인이 많이 오지 않는다는 사실을 매력적으로 생각했었지만, 막상 나 혼자가 아니라는 사실을 확인하자 본능적으로 반가움을 느꼈다. 한 분은 이미 산티아고에 거의 도착했을 듯하고, 한 분은 바로 이틀 전에 방명록을 남겼다. 아마 둘 다 길에서 만나긴 쉽지 않으리라. 언젠가 나타날 다음 한국인을 생각하며 내 흔적도 남겼다.

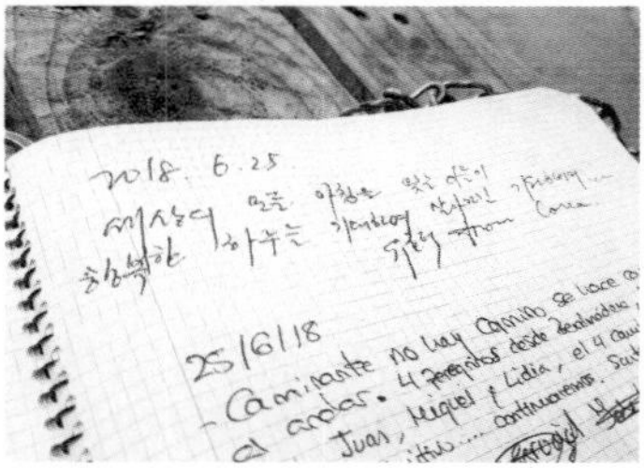

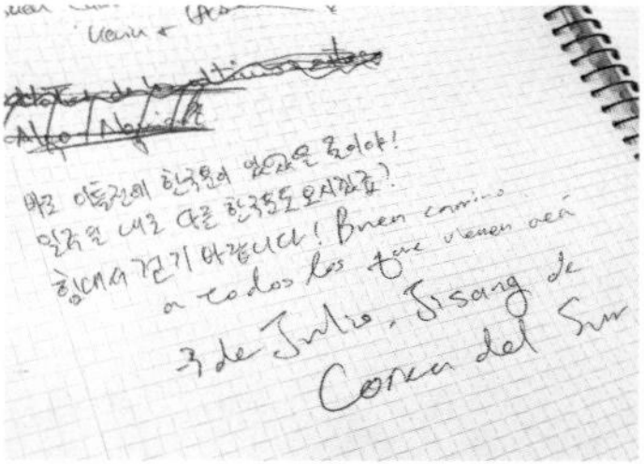

논을 지나는데 검은 고양이 한 마리가 냐옹거리면서 겁없이 다가왔다. 고양이 애호가까진 아니지만, 외국에 나오면 우리나라보다 어째 길고양이들이 사람을 피하지 않는 듯한 인상을 받아 더 관심이 간다. 한국 사람들이 길고양이들을 너무 괴롭혀서 그런 건가? 쓰다듬으며 영상까지 남겼다.

사람이 한참 동안 보이지 않았다. 간만에 길게 뻗어 있는 평원 같은 곳이 나와 목청이 터져라 노래를 불러보았다. 목이 쉴 정도로 노래를 불렀더니 즐겁다. GOD의 〈길〉을 부르기에 안성맞춤이었다.(이때만 해도 그들이 이 길을 걸으러 올 줄은 몰랐다.)

노래를 부르며 시원하게 쭉 뻗은 길을 걷다가 문득 드는 생각이, 그저 화살표만 보고 나아가니 이 순간을 제대로 못 즐기고 있는 것 같다. 주변을 둘러보니 생각 이상으로 아름답다. 인생 역시 경주마처럼 목적지를 향해 앞만 보고 뛴다면 많은 것을 놓치지 않을까? 진부한 진리가 새삼 마음으로 와 닿는 순간이었다.

대형 민달팽이가 보였다. 와, 성인 남자 중지손가락 정도의 크기를 자랑한다.

걷다보니 참 부러운 환경의 시골집들이 보였다. 우리네 보통의 시골과 달리 집이 상당히 세련되고 예쁜데, 마당은 거의 운동장만큼 넓고 그 안에 가축들을 풀어 키우고 있다. 마치 안데르센 동화 속에 들어온 듯한 느낌을 자꾸 받는다. 풍경을 최대한 즐기면서 가고 있었는데 문득 현실적인 문제가 생각났다. 알베르게에 내 자리가 있을까?

나는 이날 아침 워낙 늦게 출발했던 관계로 보통 둘째 날의 목적지로 삼는 살라스에서 숙소를 구하긴 어려워진 상황이었다. 그래서 조금 더 먼 곳에 위치한 보데야나로 전화를 했으나 자리가 없다고 한다. 거기서 몇 킬로미터 정도 더 가면 라에스피나라는 곳이 있는데 거긴 텅텅 비어 있으니 거기까지 가라고 한다. 나 참, 정말로 갈 길이 멀어지고 있다.

오후 5시 반경 살라스에 들어왔다. 보통 그라도에서 출발한 사람들이 이곳에서 둘째 날을 보내지만 나는 그냥 슈퍼마켓에 들러 먹거리를 얼마간 구입한 후에 계속 걸었다. 20분 정도 더 걸으니, 교회 앞에 위치한 알베르게 테라스에서 세르히오를 만났다. 아침 8시에 출발한 그는 오후 2시도 되기 전에 이곳에 도착해서 여유 있는 하루를 보내고 있단다. 대단히 빠른 녀석, 이라고 생각이 들 때 시계를 보니 오후 6시였다. 어차피 이곳에 묵을 생각은 없었지만, '여기에는 이제 자리가 없어'라는 말을 들으니까 괜히 몸에 기운이 빠진다. 무조건 라에스피나까지 가야만 하는 게 의무가 되어 압박감이 느껴졌다. 늦게 출발하면 이렇게 되는구나, 확실한 교훈을 얻었다.

이후에는 정말 미친 듯 속도를 내서 걸었다. 사실 오후 10시에 해가 지는 곳이라 아직도 해가 중천이지만, 그래도 엄연히 저녁시간이다. 배도 고프고 도착해서 쉬는 시간도 가지고 싶어 마음이 급해진다. 죽음의 오르막이 지속됐지만 오히려 오르막은 발은 아프지 않아서 괜찮다. 그 와중에 영상편지까지 찍으면서 이동.

라에스피나 알베르게에 도착하니 오후 7시 40분이다. 살라스에서부터 8~9km쯤 되는 구간을, 그것도 대부분이 오르막이었던 경로를 겨우 1시간 50분 만에 주파했고, 휴대폰 운동 앱으로 확인해보니 무려 46,000보를 걸은 하루였다. 웃으면서 걸었던 기억이 거의 없다. 뜨거운 물에 샤워를 하니 지옥에서 탈출한 기분이 이럴까 싶다. 기부제로 운영되는 이 알베르게의 주인은 같은 건물 1층에서 슈퍼마켓도 하고 있었다. 그곳에서 몇 가지 식재료를 사와 스파게티를 해먹었는데 곧이어 안락한 느낌이 온몸을 휘감아 금방 잠에 들었다.

Day 3 라에스피나 ~ 캄피에요 (25.2 km)

이동시간 오전 11시 30분 ~ 오후 6시 40분 (7시간 10분) | **도보 수** 36,913보 | **등반 경사** 120층 | **지출** 숙소 8유로, 기타 18.15유로

이날의 교훈. '힘들다고 징징대면 다음 날에 더 가관이 된다.'

오늘은 정말 진흙지옥이었다. 어제 겨우 10m 남짓 이어진 진흙길보고 끔찍하다고 사진을 찍었던 걸 지금 생각해보면 그저 우스울 따름이다. 사실 이날 코스는 고되기로 정평이 나 있었다. 산티아고 순례자 인터넷 카페에서 읽은 후기에도 진창길이 심하다고 나와 있었고, 알베르게 주인도 진흙이 많을 거라고 귀띔을 해주었다. 다 걷고 나서 이 글을 쓰는 시점에서 돌이켜보니, 그냥, 거의 모든 코스가 진흙이었다고 말해도 무리가 아닐 것 같다.

스페인에 오면 꼭 마셔야 하는 클라라 맥주를 들이키며 아침을 열었다. 혼자서 숙소를 독차지하다보니 여유가 게으름으로 탈바꿈했다. 전날의 교훈은 까맣게 잊은 채, 결국 전날보다도 늦은 오전 11시를 훌쩍 넘긴 시각에 출발했다. 문을 열고 밖으로 나오니 온 사방에 뿌연 안개가 가득했다. 새벽에 비가 내렸던 모양이다.

마을을 빠져 나가자마자 악명 높은 진창길이 펼쳐졌다.

'뭐, 진흙이 많으면 돌아서 가면 되겠지.'라는 안일하고도 낙관적인 내 생각과는 대조적인 풍경이 시작부터 무시무시한

모습을 드러냈다. 진흙에 빠지지 않기 위해 별 수를 다 쓰면서 걸었다. 어딜 밟아야 덜 질척거릴까, 어떻게 힘을 줘야 발이 깊이 빠지지 않을까. 굵은 나뭇가지를 주워 지팡이로 활용도 해보았다. 끊임없는 고민, 연구, 시도. 그만큼 이동 속도는 느릴 수밖에 없었고 알게 모르게 몸에 피로는 쌓여왔다. 결과는? 결국에 한 지점에서 발목까지 푸욱 발을 담그고 말았다. 3만 원짜리 싸구려 등산화의 방수기능이란. 양발이 속절없이 진흙탕에 빠져드는 그 찰나에 마음은 편해지더라. 이제 걱정할 필요가 없어진 거니까.

진흙길을 빠져나와 마을로 연결되는 곳에서 냇가를 발견했다. 이미 온통 진흙으로 물든 내 축구양말을 벗어 얼음장같이 차가운 냇물에 빨았다. 날도 습하고 해도 구름에 가려져 이 양말을 말릴 방법은 전혀 없다는 걸 알고 있었지만, 어쩌랴. 온 신발, 양말이 진흙에 푹 젖은 채로 걷는 것보단 그나마 깨끗한 냇물에 양말이라도 헹궈내고 걷는 게 차라리 낫다는 판단을 빨리 내렸다. 나 참, 젖은 양말을 다시 신어야 한다는 게 스스로 웃겼다. 나는 참 긍정적이다. 다른 순례자들보다 늦은 시각에 출발했지만, 보통 머무는 곳보다 앞선 지점에서 묵었던 터, 쉬는 동안에 많은 이들이 지나쳐갔다.

좀 더 걷다보니, 보통 프리미티보 길 3일차에 많이 묵는 티네오라는 가파른 산기슭에 위치한 마을에 도착했다. 순례는 절대 경주가 아니다. 그러나 남들보다 빠르게 목표에 도달하고 싶은 건 사람의 본능인지, 아니면 그저 한국인의 '빨리빨리 문화'인지 모르겠다. 이때까지 대부분 모든 걸 지나쳐갔다. 쉽지 않은 길이 이어졌지만 계속 갔다. 그런데 이 마을, 초입부터 빠져나가는 길까지 경치가 정말 압도적이다. 축축한 와중에 바람까지 불어 으슬으슬 춥지만 쉴 새 없이 휴대폰을 꺼내 사진 찍느라 발 옮기기 쉽지 않다.

마을을 빠져나가면서 목장을 왼편에 끼고 산으로 계속 올라가게 된다. 운 좋으면 가끔 울타리 가까이에 오는 소들을 만날 수도 있다. 힘든 곳을 지나올수록 경치는 보상이 되는 것 같다. 길이 힘들면 그건 오르막을 뜻하고, 올라가서 내려다보면 멋진 법이니까. 산지가 많은 아스투리아스 지방의 경치는 대부분 비슷한 듯하면서 또 새롭다. 티네오를 지난 후 죽음의 오르막이 지속되고, 정말로 이제는 더는 못 가겠다는 생각이 들 때쯤에 평지가 펼쳐진다. 그리 오래 이어지는 평탄한 길은 아니지만 그래도 이쯤이면 한숨 돌릴 수 있다. 이제 겨우 3일차인데도 첫날과의 컨디션 차이가 느껴진다. 피로 누적, 그리고 창궐하는 물집으로 갓 2만 보를 넘긴 시점부터 고통스럽다. 후우. 하늘 위로 아무것도 보이지 않을 때가 되어서야 비로소 목장을 가로지르는 내리막길이 시작됐다.

순례길의 또 다른 소소한 재미는 바로 이 목장에서 다양한 동물을 보는 일이다. 이날은 앞선 이틀보다도 유난히 많은 동물을 본 것 같은데, 황소, 젖소, 당나귀 등등을 코앞에서 봤다. 특히 당나귀 떼는 나를 발견하자 저 먼 발치에서 다가오기까지 했다. 영특해서 쓰다듬어주었다.

한참을 내려오다가, 순례길을 걷기 시작한 이래로 처음으로 길을 잘못 들었다. 분명 조가비 문양을 따라 내려왔는데, 웬 오래된 예배당만 덩그러니 놓여 있고 길이 없어 논길을 헤매다 다시 돌아왔다. 오르막을 다시 올라가야 하는 터라 마음도 발도 무거웠다. 10분 정도 지났을까, 한 갈림길에서 이정표를 발견했다. 이정표에는 예배당으로 가는 길과 순례길이 모두 표시가 되어 있는데, 순례길로 가는 이정표만 파손되어 있던 것. 누가 일부러 박살내놓은 게 아닌가 싶을 정도로 헛웃음이 나와 사진을 찍었다.(나중에 알고 보니 예배당으로 가서도 우회로를 통해 순례길에 합류가 가능하다고 한다.)

날씨가 좋아질 기미가 보이지 않는다. 좋은 것 많이 보고 다녀도 기분은 날씨의 영향에서 자유롭지 못한 것 같다. 목적지가 그리 멀지 않았지만 괜히 우울해지려 해서 힘들다.

오후 6시 40분경, 목적지인 캄피에요에 다다랐다. 늦게 출발했지만, 어제보단 훨씬 여유롭게 하루를 마무리하는 셈. 어제와 같은 참사를 겪지 않기 위해 사립 알베르게를 미리 예약해놓았다. 퀭했던 어제와는 달리 알베르게에 사람들이 우글우글한 것이 적응이 안 된다. 수용가능인원이 스무 명은 훌쩍 넘는 듯해 보이는 거대한 숙소이다. 식당과 숙소가 아예 별개의 건물로 구성되어 있을 정도. 진흙길 뒤에 있는 숙소라 그런가, 유럽답지 않게 숙소 앞에 신발을 벗어놓고 방으로 들어가게 되어 있었던 점이 특이했다. 가랑비에 옷 젖는 줄 모른다고, 도착해보니 머리부터 발끝까지 홀딱 젖어 있더라. 세탁기와 건조기를 각각 6유로라는 거금을 주고 사용했다.

어제 남은 스파게티를 요리해 먹으려고 식당 건물로 이동했는데, 사립 알베르게 '카사에르미니아Casa Herminia'는 인터넷에서 본 바와는 달리 주방을 사용할 수 없다고 했다. 실망한 기색이 보였는지 식재료를 주면 직접 파스타를 해주겠다고 하는 착한 주인! 고맙게도 내 저녁을 책임져주었지만 맛은 전혀 착하지 못했다.

짜디짠 파스타를 먹으며 주변을 돌아보니, 다른 순례자들은 크게 무리를 이루어 식사를 같이하고 있었다. 점심 무렵 도착하고, 낮잠을 취한 후에 저녁(순례자 메뉴)을 같이 먹으면서 담소를 나누는 것이 이 길을 걷는 이들의 보편적인 모습인 것 같았다. 남한테 말을 걸어볼 힘 하나 남아 있지 않았지만, 막상 나를 제외한 모두가 모여서 식사를 하고 있는 것을 보니 소외감이 밀려왔다. 가성비가 좋지 않다는 평을 들었던 터라 순례자 메뉴는 고려해본 적이 없었지만, 친교를 위해서라도 이제 가끔은 순례자 메뉴도 먹어봐야겠다는 생각을 했다. 외로움은 세상에서 제일 짠 파스타를 먹느라 더 깊어만 갔던 듯하다. 결국 다 먹지 못하고 버렸다. 태극기와 조가비 문양이 붙어 있는 기념 배지 하나를 구매하고 잠자리에 들었다.

Day 4 캄피에요 ~ 라메사 (32.6km)

이동시간 오전 8시 ~ 오후 7시 30분 (11시간 30분) | **도보 수** 45,478보 | **등반 경사** 230층 | **지출** 숙소 12유로, 기타 12.3유로.

처음으로 다른 순례자들과 그룹으로 다닌 날이다. 9인, 8개 국적으로 구성된 집단에 속할 일이 언제 또 있을까. 재미있는 경험이었다.

캄피에요의 알베르게에는 특이하게도 오전 8시 반까진 모두 퇴실을 해야 한다는 가혹한 규정이 있었다. 그간 '오후형 순례자'의 길을 걸어왔던 나로서는 꽤나 불편할 수밖에. 그 와중에 다른 순례자들은 이미 7시 언저리에 대부분 썰물처럼 빠져나갔다. 7시 반쯤 눈 비비면서 일어나보니 거의 아무도 보이지 않더라. 부지런한 사람들. 괜히 심리적 압박이 온다. 홀로 남아 있는 유럽 여성 순례자가 알베르게 입구에 앉아서 쉬고 있기에 잠시 이야기를 나눴다. 이날 코스는 산 정상으로 올라가는 길과 평지로 가는 길, 두 갈래로 나뉜다고 했다. 그중 산 정상 코스(오스피탈레스 코스)는 당연히 더 힘들지만 더 멋진 경치를 가지고 있는 곳이고, 대부분의 순례자들이 선택하는 길이라고 했다. 자기는 경치를 포기하더라도 편하게 평지 코스를 밟을 예정이라 늦게 출발할 계획이라고 했다. 정보를 알려준 그녀에게 감사를 표한 후 8시 정각에 발걸음을 재촉하는데, 생각해보니 이틀 전 라에스피나의 숙소 주인이 다 해줬던 이야기라는 게 불현듯 기억났다.

출발하자마자 보레스에 위치한 공립 알베르게로 향했다. 이때까지만 해도, 매일 도장을 2개씩 찍어야 한다고 잘못 알고 있었기 때문이다. (실제로는 산티아고에서부터 100km 지점부터 이 규정이 적용된다.) 보레스 공립 알베르게는 무료(기부제)이지만, 웬만하면 피하라는 후기들을 몇 개 봤던지라 꽤나 호기심이 갔다. 도착해보니, 와, 입이 떡 벌어지더라. 무인 알베르게인 그곳은 사방에 물건들이 어질러져 굉장히 너저분했고 그 아무도 와서 관리를 안 하는 것처럼 보였다. 특히 어찌나 파리가 많은지, 외양간에 들어가도 이 정도까진 아니리라 싶었다. 불편한 데서 못 자는 건 아니지만 이렇게 파리가 많은 곳에 왔더라면 밤새 잠을 설쳤을 게 분명했다. 알베르게치고는 다소 비싼 가격에도 불구하고 캄피에요에서 머물기로 한 어제의 선택이 정말 탁월했다는 생각이 들었다. 심지어 순례자 도장 쎄요는 누가 가져간 건지 어디 널브러져 있는 건지 찾지도 못하고 나왔다. (나중에 확인해보니 근처 레스토랑에 있다고 하는 것 같다.) 그 와중에 누군가가 놓고 간 한국어 책이 눈에 띄더라.

한 마을을 가로질러 가는데 순례길에 차단 줄이 쳐져 있었다. 잠시 이게 무슨 일인지 당황했지만 이내 상황파악을 할 수 있었다. 한 목장 주인이 목초지에 방목했던 젖소들을 다시 외양간으로 옮기기 위해 잠시 길을 막아 놓았던 것이었다. 나름 진귀하다면 진귀한 풍경. 차단선이라 해봤자 그저 노끈에 불과해 이게 의미가 있을까 우려가 되었는데, 덩치 큰 젖소들은 의외로 고분고분 그 줄을 따라 외양간으로 이동했다.

좀 더 가다보니 선택의 순간이 왔다. '라폴라'와 '오스피탈레스'. 경치를 택할 것인가, 편의를 택할 것인가. 고민은 10초도 걸리지 않았던 것 같다. 에이 씨, 기왕 고생하러 왔으니 빡센 길로 가자!

이어지는 오르막길을 잠시 걷다보니 저 앞에 쉬고 있는 한 무리의 외국인들이 눈에 띄었다. 가까이서 보니 어젯밤 나와 같은 알베르게에서 저녁을 먹던 그 순례자들이었다. 입에 거미줄이 쳐질 듯해서 이들에게 말을 걸었다.

"Hey, We stayed at the same albergue, Right?"으로 시작된 대화는 생각보다 오래 지속되었고, 체리를 나눠먹자는 네덜란드인 앤서니Anthony의 제안과 더불어 나는 이 그룹에 합류하게 되었다. 대화하다 보니 이 사람들도 알게 된 지 길어야 사흘 정도밖에 되지 않았던 이들이었는데, 재미있는 건 모두가 다른 국적을 가지고 있었다. 네덜란드, 독일, 러시아, 오스트리아. 소외감이 눈 녹듯 녹아 즐겁게 수다를 나누고 있는데 아침에 알베르게에서 이야기를 나눴던 여성 순례자가 나타났다. 길을 잘못 들어 이곳에 오게 되었다는 덴마크 출신의 그녀까지 총 6명의 그룹이 이렇게 탄생했다. 생각해보니 정작 이 나라(스페인) 사람은 한 명도 없다는 게 특이하다.

간만에 계속 누군가와 대화를 하면서 걸었다. 산길인 만큼 계속해서 엄청난 경사를 올라갔는데, 확실히 같이 걸으면 시간이 가는 것도, 힘든 것도 잊게 된다. 그간 걸어온 길도 다 산길이었지만, 정말 꼭대기 능선만을 따라 걷다 보니 또 다른 세계가 펼쳐졌다. 빽빽한 유칼립투스 숲은 더는 보이지 않았고 작은 관목과 잔디만이 있는 완전히 트인 공간이었다. 이런 곳에서 울타리 하나 쳐져 있지 않은 채 방목되고 있는 소들도 보았고, 산등성이 여기저기서 일행들과 같이 사진도 찍었으며, 점심도 먹었다. 체중 관리를 하던 중이라 나는 에너지바 하나만 먹고 쉬려 했지만, 독일 아저씨 게파드Gephard가 꿀 바른 호밀빵을 거듭 권해 못 이기는 척 받아먹었다. 너무 맛있어서 한국 돌아가서도 먹을 생각이다. 즐거운 시간을 보냈지만, 폭풍수다 때문에 경치 자체는 오롯이 감상하지 못한 게 아닌가 하는 생각이 슬며시 고개를 들기도 했다.

잘못 알고 있었는데 산 정상 길이 외려 평지 코스보다 더 길었다. 산티아고까지의 전체 일정상으로는 단축이 되는 셈이었지만, 해당 날짜의 이동거리는 더 먼 거리였던 것이다. 마치 만리장성에 온 듯, 끊임없이 펼쳐진 산 능선을 따라 걸었다. 이 코스에 이름을 부여해준 수 세기 전 병원 터에서는 앤서니가 가져온 와인을 모두가 나눠 마시며 휴식을 취했다. 각자의 언어(Skal! Zum Wohl! Proost! Nasdarovje! 짠!)로 '건배'를 외치며 순식간에 한 병을 비웠는데 다들 웃음이 끊이지가 않았던 것 같다. 다양한 곳에서, 다양한 이유로 찾아온, 다양한 연령대의 이들은 아주 작은 것에 즐거워하고 또 기뻐했다. 내가 평소에 굉장히 본받고, 따르고 싶어 하는 삶의 자세를 가진 이들이 좋았다. 중간중간 자주 쉬고, 와인 먹고 노래 부르고, 먹고 하다가 거의 11시간이 걸려 이날의 목적지 라메사에 도착했다.

여기까지는 아주 만족스럽고 즐거웠던 하루를 보낸 것처럼만 묘사를 했지만, 사실, 도착할 무렵에는 많이 힘들었다. 며칠 전에도 얘기했지만 외국인들, 특히 서양인들의 수다는 한국인이 받아들이기에는 대부분 과하다. 거의 9시간 동안 쉬지도 않고 수다를 떠니까 진이 빠진다. 뭐랄까, 나에게 할당된 '하루 대화량'이 한참 전에 바닥을 드러냈다고 표현하는 게 적절할 것 같다. 이날 저녁식사 때에는 미국, 아일랜드 순례자까지 합류해 총 9명이서 더 큰 수다판을 벌이는데 기력이 다한 나는 거의 입을 열지 못했다.

'내일은 혼자 가야지…….'

나라는 인간은 참 애매하다. 혼자를 싫어하고 항상 사람을 찾지만 오래 지나지 않아 진이 빠지곤 한다. 특히 영어로는 4시간이 한계이다.

Day 5 라메사 ~ 폰사그라다 (44.9km)

이동시간 오전 10시 ~ 오후 9시 (11시간) | **도보 수** 55,748보 | **등반 경사** 288층 | **지출** 숙소 10유로, 기타 25.8유로(점심에 사치 부림, 빨래 돌림)

말이 필요 없다. 출발 이후 가장 빡세게 보낸 날이며, 감히 말하건대 산티아고에 다다를 때까지도 이보다 고된 날은 아마 없을 것이다. 무려 45km를 걸었다. 어제를 함께한 외국 순례자들의 그칠 줄 모르는 수다로부터 벗어나고 싶어 앞서 걸어간 측면도 있고, 또 컨디션이 좋았던지라 과욕을 부렸던 것 같기도 하다.

오전 8시 무렵에 일어나 식당에 가보니 이미 순례자들은 온데간데없고 동네 노인 몇 명만 느긋하게 아침을 먹고 있었다. 오전 10시에 느지막하게 출발. 꼴찌로 출발하는 것이 이젠 낯설지 않다. 나만의 스타일이다.

라메사의 숙소는 가파른 산자락 아래 위치해 있었기 때문에 다음 날 시작부터 급경사의 오르막이 눈앞에 펼쳐지리라는 것은 불 보듯 뻔한 일이었다. 개미새끼 한 마리도 보이지 않는 높은 언덕, 아니 산으로 이어진 차도를 30분 정도 올라가야 했다. 언덕을 넘자 한 무리의 스페인 노인 순례자들이 웬 안내판을 보면서 이런저런 이야기를 하고 있는 모습이 보였다. 가까이 가서 들어보니, 작년 봄에 기존 코스에 산불이 발생해 임시 우회로를 개통해놓았다는 내용이었다. 오스피탈 코스 선택에 이어서 다시 한 번 정통의 길을 택했다. 우회로는 무슨!(사실, 우회로가 더 길었던 이유도 있다.)

엄청난 오르막 이후에 찾아온 것은 만만치 않게 엄청난 내리막이었다. 사람 그림자 하나 보이지 않는 산자락이었는데, 쌩뚱맞게도 4G 신호가 강하게 잡혀 한국에 영상통화를 걸었다. 구름이 드리워진 고지대의 경치가 또 한 번 장관을 이뤄내 영상통화에 제격이었다. 오래 이어진 통화를 마무리하고도 한참을 내려갔지만 평지가 전혀 보이지 않았다. 오르막을 걷다보면 사람 심리는 내리막을 기대하게 되지만, 끝없이 하산하는 것도 사람이 할 일이 아니다. 무릎에 무리가 오기에 중간에 강이 내려다보이는 경치 포인트에 앉아 한참 동안 휴식을 취했다.

잠시 후 한 쌍의 서양 부부가 나타났다. 가볍게 인사를 주고받는데,

"Are you from Korea?"라고 대뜸 물어보더라. 호주에서 왔다는 이 부부는 나를 두고 한중일 가운데 어디 출신인지 맞춰보려고 했었나 보다. 괜히 반가워 잠시간 이야기를 나눴지만 별로 기억나는 내용은 없다. 나는 거의 30분 가까이 여유를 즐겼다.

휴식을 마치고도 끝이 보이지 않는 내리막을 계속해서 내려가는데, 뒤에서 발걸음 소리가 들려왔다. 돌아보니 래퍼 타이거 JK를 쏙 빼닮은 한 순례자가 빠른 속도로 내려오고 있었다. 이즈음 다시 말동무가 필요했던 시점이라 먼저 말을 걸었다. 알벙Alban이라는 이름의 프랑스 청년은 무려 29일째 순례길을 걷는 중이었는데, 샌들 바람으로 성큼성큼 걷는 모습이 더할 나위 없는 진짜배기 순례자였다. 순례 일정 중간에 그의 여자친구가 합류를 했지만, 걸음속도가 도저히 맞지를 않아 아침 일찍 그녀를 먼저 보내고 자기는 느지막이 따라가는 길이란다. 해외여행을 많이도 했지만 서양인들의 쿨한 면모는 아직까지도 적응하기 힘들 때가 있다. 분노조절 장애를 극복하고 늦깎이로 대학생활을 하고 있다는 그와 2시간 남짓 걸으면서 많은 대화를 나눴다. 외국인과 대화는 이 정도가 딱 괜찮다. 2시간에서 길어야 4시간.

오후 2시경, 보통 일정에서 5일차 목적지로 삼는 그란다스데살리메에 도착했다. 겨우 4시간 만에 도착을 할 수 있었던 건, 가이드북 상에서 권장한 이날의 코스가 겨우 16km밖에 되지 않았기 때문이다. 하지만 이렇게 하루를 일찍 마무리하는 것은(어쩌면, 다른 순례자들에게는 아주 일상적인 시간일지도 모른다.)

나로서는 낯설고도 불편했다. 이곳에서 미리 와 기다리고 있던 알벙의 여자친구, 그리고 알벙과 함께 셋이 간만에 푸짐한 점심식사를 먹고 이곳을 뜨기로 결심했다. 그들도 조금 더 갈 예정이라고 했지만, '이날의 영어'는 이제 충분히 했다고 생각했다. 그들에게 먼저 출발을 고했다. 아디오스.

그란다스데살리메를 빠져나가려는데, 어제를 함께한 순례자 무리들 — 이제부터 편의상 '카미노 패밀리'라고 지칭하겠다. — 이 식사를 하는 모습이 눈에 들어왔다. 겨우 어제 하루 봤던 사이지만 정말 가족같이 반겨주는 모습에 굉장한 따뜻함과 유대감을 느꼈다. 게파드는 자기도 이곳에서 조금 더 나아가서 5km 정도 떨어진 곳에 숙소를 잡았다며 기다렸다가 같이 가자고 제안을 했다. 아, 그냥 따뜻한 마음씨의 이들과 함께할까……. 내적갈등이 시작되려는데 숙박비가 무려 20유로라는 그의 말에 미련 없이 바로 마음을 접었다. 인연이 되면 또 보겠지, 시끄러운 친구들, 안녕!

아직도 갈 길이 멀어 굉장히 빠르게 이동하는데, 날이 점점 흐려진다. 저 멀리서 천둥치는 소리가 끊임없이 들려오는 게 어째 곧 비가 올 느낌. 아니나 다를까, 오후 6시 정도가 되니 비가 쏟아지기 시작한다. 바람막이와 유사한 내 옷을 여며봤지만 등이 어째 축축하다. 아뿔싸, 알고 보니 등이 다 망사다. 물에 빠진 생쥐 꼴로 그 아무도 보이지 않는 산길을 성큼성큼 올라갔다.

30분 정도 지났을까, 오르막이 끝나고 산기슭을 따라 이어진 평평한 길을 가는데, 약 50m 거리에서 무언가 작고 검은 형체가 움직이는 게 보인다. 송아지인가? 송아지라고 하기에는 너무 작고, 그렇다고 아기 곰 같아 보이지도 않는다. 뭐지? 세상에. 멧돼지였다. 어미 멧돼지와 아기 멧돼지 두 마리가 내 카미노 한복판에 서있었다. 내 인생 첫 멧돼지를 아무도 없는 스페인 산에서 만나게 될 줄이야…….

그동안 각종 언론에서 내가 접했던 멧돼지는 아주 포악하고 강력한 존재로 묘사되어 있었기에 긴장할 수밖에 없었다. 멧돼지들은 도무지 자리를 뜰 생각이 없어보였다. 방금 전 올라왔던 길로 다시 돌아가 울타리 뒤에 잠시 숨어 방법을 고민해봤다.

'모른 척하고 자연스럽게 지나갈까? 아니면 그냥 길이 아닌 곳으로 돌아갈까?'

결국 모험을 하지 않기로 결정했다. 인적이 끊긴 곳에 비까지 쏟아지는데 굳이 위험을 감수할 필요는 없다고 생각, 구글 지도로 실시간 위치를 확인하며 거의 30분 정도를 우회해서 갔다. 어디서 또 멧돼지가 나올지 모른다는 긴장감을 놓지 못하는 와중에 산등성이에 줄지어 자리한 풍력발전기들이 비를 맞는 모습은 또 장관이었다.

다시 순례길 코스로 돌아온 후 미친 듯이 피치를 올려 걸었다. 안 그래도 빡빡한 일정에 너무 시간을 오래 지체한 탓에 많이 초조했던 것 같다. 이 계절의 스페인은 무려 밤 10시까지도 해를 볼 수 있지만 괜히 마음이 급했다. 충격에서 벗어날 때쯤이 되니 어느새 아스투리아스 지방이 아닌 갈리시아 지방에 이르렀다. 항간에는 갈리시아에선 조가비 방향이 기존까지의 이정표들과 반대라는 말이 있던데 잘못된 사실. 조가비의 넓은 쪽은 항상 우측을 가리키지만 화살표는 그때그때 다른 곳을 나타내더라. (실제로는 산티아고에 아주 근접했을 때부터 조가비 반대방향으로 방향이 표시된다.)

기분 탓인지 식생들마저 바로 다른 환경으로 바뀌어 있는 듯했다. 비는 계속 왔다가 멈췄다가 오락가락이었다. 후회하기에는 너무 늦었다. 무한대의 시간 같은 군 생활에도 끝이 왔듯 45km의 여정도 끝이 보이고 있었다. 이제 농장 언덕 하나만 올라가면 바로 마을인 찰나에, 아, 또 멧돼지가 나타났다.

이번에는 험준한 산 속도 아니고, 비도 안 오는 맑은 날씨에 바로 마을 지척의 농장 근처에서 아기 멧돼지 두 마리가 어슬렁거리고 있었다. 그것도 나와 겨우 10m 이내의 가까운 거리에서. 그들과의 첫 만남과는 달리 두려움보다는 그저 어이없다는 생각이 들었다. 도대체 이렇게 수많은 사람들이 찾는 길에 어떻게 이런 위험한 친구들이 숱하게 나타나는 건지. 한국이었으면 상상도 못할 일이리라.

이런 생각을 잠시간 하고 있는데 “꾸이익! 꾸이익~!” 소리를 내면서 갑자기 아기 멧돼지들이 도망갔다. 본능적으로, 이 작은 친구들이 짧은 시간 내에 엄마나 아빠를 데리고 이곳으로 돌아올 것 같지는 않다는 생각이 들었다. 게다가 이렇게 자주 보이는 애들이면 그렇게 위험하지도 않을 터. 그냥 빠르게 길을 가로질러갔고 오후 9시가 넘어갈 무렵 폰사그라다 숙소에 도달했다. 중년의 스페인 순례자들밖에 없던 사립 알베르게에서 어쩔 수 없이 모든 것을 이틀 만에 다 빨고 또 말렸다. 다리가 가렵다.

Day 6 폰사그라다 ~ 오카다보 (23.4km)

이동시간 오전 10시 30분 ~ 오후 5시 30분 (7시간) | **도보 수** 약 34,000보 | **등반 경사** 145층 | **지출** 숙소 6유로, 기타 15.8유로

주말이 되었다. 별 의미는 없다. 알베르게 자판기에서 팔던 인스턴트 야끼소바를 해먹고 오늘도 거의 막바지로 순례길에 나섰다. 멧돼지야, 오늘은 나오지 말길 바라.

폰사그라다 외곽에서 실로 요상한 날씨를 체험했다. 분명 하늘은 파랗게 갠 날인데, 낮게 뜬 구름이 흘러와 마을 한 귀퉁이를 덮고 있던 것이다. 사진 한 장에 맑은 하늘과 안개처럼 보이는 먹구름을 동시에 담을 수 있었다. 그러고 나서 구름 속을 헤쳐 나가니 금방 맑아졌다.

어제 극도로 무리했기에 오늘은 가이드에 권장된 코스 단계에 맞춰서 걷기로 마음을 먹었는데, 다 걷고 보니 더 걷는 건

애초에 불가능했겠지 싶다. 몸이 벅차하는 게 느껴졌다. 발가락에 생긴 물집이 이제는 점점 발바닥 쪽까지 밀려 내려오고 있었고, 작열하는 태양에서 오는 피로감도 적지 않았다. 졸음까지 떨칠 수 없어 출발 후 그리 오래 지나지도 않았지만 그냥 길 한복판에 털썩 주저앉아 쉬었다. 지나가던 스페인 할아버지 한 명이 내가 신기한지 사진 한 장 찍어도 되냐고 물어봤다. ¡Como quieras! 알아서 하세요.

어제 갈리시아 지방으로 넘어오면서 기분 탓인지 아스투리아스 지방과는 식생이 다르게 느껴졌는데, 이날 맑은 날씨에 다시 보아도 차이가 느껴졌다. 식물을 잘 몰라 구체적으로 설명하긴 어렵지만, 우선 갈리시아 지방은 아스투리아스처럼 사방이 다 절경인 지역은 아닌 것 않다. 군데군데 발을 붙잡아 두는 곳이 있긴 하지만, 분명히 다르다. 어쩌면 그냥 말 못하게 아름다운 풍경들마저 익숙해져버린 건지도 모르겠다.

오후 1시 반에서 2시 사이 무렵, 기나긴 내리막을 내려갔더니, 역대급으로 가파른 오르막이 예상되는 산이 장엄한 자태를 드러냈다. 슬슬 허기도 져오고 휴식이 필요한 타이밍. 다행히 산자락에 작은 마을이 있어 바르에 들어갔는데, 아주 재밌는 경험이었다. 시골 중의 시골이라 그런지 하나의 가게가 그 마을의 술집이자 슈퍼마켓, 식당이었기 때문이다.

"Aquí se venden bocadillos?"

"A ver si tengo panes."

이곳에서 보카디요를 파냐고 물어봤더니, 빵이 있는지 찾아보고 있으면 해주겠단다. 이 즉흥성과 융통성은 무엇? 곧 바게뜨 빵을 찾아낸 주인 아주머니는 다른 곳의 족히 3~4배는 되는 크기의 하몽&치즈 보카디요를 2유로도 되지 않는 가격에 내주었다. 시골 인심은 만국공통이라는 진리를 새삼 깨달은 시간이었다. 시골이라는 공간은 참 재미있다. 세계화라는 흐름과는 거리가 있어 특정 국가의 색깔을 아주 잘 드러내는 장소이지만, 어떻게 보면 또 우리네랑 하나 다를 바 없는 삶이 묻어 있는 곳이다.

난생처음 겪는 급경사, 지옥의 오르막길은 생각보다 싱겁게 끝났다. 보카디요를 먹은 후 얼마 가지 않아 다시 들른 카페에서 마신 제로콜라 한 잔이 큰 힘이 되긴 했지만, 그보다는 한국과 통화하면서 올라간 게 좋은 선택이었다. 가파른 산을 오를 땐 전화든, 동반자가 있든, 어쨌든 누군가와 말하면서 오르는 게 그 고통을 잊는 최고의 방법이다. 어제도 그렇고, 의외로 가파른 산에서 통신 전파가 잘 잡히는 듯하다.

온종일 혼자 걸으니 또 심심하다. 외향적이면서도 한편으론 내향적인 나로서는 이틀 정도 연달아 사람들과 어울린 후에는 하루 혼자 쉬는 것이 심리적으로 가장 편하다. 물론 어제와 그제 모두 누군가와 함께 걷긴 했다만, 너무나 긴 하루였던 어제는 너무 일찍부터 알벙과 떨어져 혼자가 됐던 것 같다.

버거운 오르막을 두 개 오르고 나니 내리막만 지속된다. 이 내리막이라는 녀석이 사실 물집의 원천이다. 거의 이제 모든 발가락에 물집이 생겨버린 것 같다. 아마 이 지점쯤 왔으면 다른 순례자들도 최소 물집 하나는 가지고 있지 않을까 싶다.

오후 5시 반경, 오카다보 초입에 들어오니 바로 공립 알베르게가 나타났다. 7시간 정도 걸었는데 시간이 정말 바람처럼 지나간 기분. 다만 피로의 무게는 전혀 평소보다 모자라지 않았다. 작고 조용한 마을 오카다보의 공립 알베르게에는 고등학생 정도 돼 보이는 스페인 소년들 몇과 할아버지 두어 명밖에 보이지 않았다. 날이 좋아 동네 바르에서 혼자 맥주 한잔 마시고, 스파게티를 해먹고, 블로그도 업데이트하며 일찍부터 휴식을 취했다. 한국에 돌아가면 향후 무슨 일을 해야 할까 잠시 고민을 해보다가 잠에 들었다.

Day 7 오카다보 ~ 루고 (30.5km)

이동시간 오전 9시 30분 ~ 오후 5시 (7시간 반) | **도보 수** 43,827보 | **등반 경사** 70층 | **지출** 숙소 공짜! 기타 12.8유로

최고로 운이 좋은 날. 나는 지금 순례길에서 처음으로 호텔에서 묵고 있다.

파스타로 든든히 배를 채우고 다시 꿀찌로 출발을 하는데, 알베르게 문 바로 앞에서 어제 길에 앉아 쉴 때 잠시 마주쳤던 스페인 할아버지 2명을 마주쳤다. 길바닥에 앉아 쉬던 내 사진을 찍어간 그 할아버지 무리였다. 어쨌든 이것도 구면이라 인사를 나눴더니, 그들은 스페인어를 하는 내가 신기했는지 계속 대화를 이어갔고 나도 심심했던 터라 한동안 그들과 같이 걸어갔다. 다행히 할아버지들의 스페인어는 그리 알아듣기 어려운 편이 아니었다. 이런저런 이야기를 하면서 걷고 있는데, 한 분이 이날 나의 목적지를 묻더니 엄청난 제안을 하셨다.

"우리도 루고에 숙소를 잡아놨어. 사실 우리 일행에는 2

명이 더 있었는데, 몸이 안 좋아서 중간에 집으로 돌아갔거든. 그런데 호텔이 환불이 안 되더라고. 원하면 그 호텔 가서 묵도록 해. 방 2개, 2박 동안 그냥 써도 돼."

나는 내 스페인어 실력에 확신이 서지 않아 잘못 들은 게 아닌지 반복해서 확인을 했지만, 분명 정확한 내용이었다. 얼씨구나! 카미노를 걸으면 하루에 한 명씩 천사를 만날 수 있다는 이야기가 떠오르는 순간이었다. 안 그래도 하루쯤은 오롯이 휴식을 취하는 것을 고려하고 있었기에, 오늘 도착하게 될 도시에 위치한 루고의 호텔에서 2박을 머물기로 결정했다. 그리고 나머지 방 하나는 다음 날 도착할 카미노 패밀리의 요슈아Joshua에게 제공하기로 했다. 어차피 할아버지들에게는 손해 볼 게 없는 선택일지라도 힘든 길을 걷는 나로서는 그저 한없이 고마울 따름이었다. 어제는 양반다리로 길 한복판에 앉아 있던 내가 명상을 하는 것처럼 보여 신기해서 사진을 찍었다는 유쾌한 이 할아버지들과는 2시간 정도 같이 걷고 헤어졌다. 나는 그때 그저 음악 파일을 다운로드하던 중이었다고 말하자 껄껄 웃던 할아버지의 모습이 기억난다.

카미노를 걷기 전에 알지 못했던 쏠쏠한 재미는 이곳저곳에서 튀어나오는 귀여운 동물들을 보는 일이다. 목장을 지나가는 일이 많은 것은 물론, 대부분의 루트가 도시가 아닌 시골로만 이어져 온갖 가축은 물론 개와 고양이들도 자주 보게 된다. 한국이었으면 상상이 안 되는 것이, 이곳에서 만난 대부분의 개들은 줄에 묶여 있지 않고 풀려 있었다. 덩치 큰 개들도 자유롭게 돌아다녔는데, 사람에게 공격적인 녀석들은 아무도 없었다. 오히려 풀어놓고 키워서 사람과 더 평화롭게 지낼 수 있는 게 아닌가 싶다. 동물들의 사진과 영상을 찍을 때마다 소소한 행복을 느낀다.

정오가 조금 넘어갔을 무렵, 한 번쯤 쉬어가야겠다 생각이 드는 찰나 시골길에서 한 아저씨가 먼저 인사를 외치며 반갑게 말을 걸었다. 알베르게와 식당을 운영하는 이 아저씨는 인심과 상술, 어울리지 않는 이 두 개를 모두 갖춘 사람이었다. 그 가게에 들어가서 바로 맥주를 마셨다.

날이 매우 맑고, 더웠다. 땡볕 아래 계속해서 걸었다. 맨눈으로 보아야 모든 것이 더 아름답다는 믿음이 있어 선글라스를 잘 안 쓰는 편이지만 이때는 맨눈으로 배겨낼 수 없었다. 그러나 몸이 아무리 무거워져도 마음은 점점 깃털같이 가벼워졌다. 오늘 도착하는 루고라는 곳은 프리미티보 길에서 출발지 오비에도 다음으로 큰 도시인데 그곳에서 나는 알베르게가 아닌, 무려 호텔에 묵을 예정이다. 공짜로, 2박이나. 이런 생각을 되새

길 때마다 작열하는 태양조차 그저 따사로운 햇살로 느껴졌다.

사실 힘들다, 벅차다 수차례 징징댔지만 실제로는 걷는 일이 매일 비슷하게 반복되다보니 많이 익숙해졌다. 평탄한 길도 많고. 마치 빨리 감기를 하는 것처럼 거리가 금세 줄어들고 있다. 갈수록 이 길에서 새로움을 만나지 못해서 그런 건가 싶다. 항상 새로운 것을 찾고 도전하는 것이 똑같은 시간도 길게 누릴 수 있는 방법이 아닐까.

오후 4시 정도가 되자 정말 오랜만에 고속도로가 시야에 들어왔다. 겨우 닷새가량 대도시에서 벗어나 있던 셈인데 다른 세상에 다녀온 듯 낯선 기분이 살짝 스쳤다. 그 후로 1시간이 조금 안 되게 걷다보니 드디어 루고에 도착. 인구가 10만 명 정도 되고 무려 맥도날드를 보유한 대도시(!)라서 도착해서도 호텔까지는 한참 걸어가야 했다. 별 3개짜리 호화(!!) 호텔에 체크인한 후 내가 좋아하는 케밥도 먹고, 동네 대학교로 산책도 다녀왔다. 밤 10시를 좀 넘겨 — 말이 밤이지 아직도 밝았다. — 마트에서 맥주 한 캔 사서 호텔로 들어가려 했으나 주류 판매가 금지된 시간이라고 해 그냥 들어가서 쉬었다.

Day 8 루고에서 휴식

특이사항 도시 구경을 겸해서 감 안 떨어뜨리려고 엄청나게 걸어서 돌아다닌 날 | **도보 수** 약 27,441보 | **지출** 숙소 6유로, 기타 54.36유로

Rest Day. 내 페이스가 워낙 빨랐던 관계로 320km에 이르는 순례길에서 하루정도는 푹 쉬어가는 날을 잡을까 했었는데, 후안 파블로Juan Pablo 할아버지 덕분에 루고에서 그런 날을 보낼 수 있었다. 도시에서 하루 머물렀다고 벌써 카미노가 한참 전처럼, 마치 남의 일이었던 것처럼 느껴지기도 했다. 하지만 이날, 말은 쉬는 날이지만, 태생적으로 여기저기 쏘다니고 다니는 걸 좋아해서 시내 구경하느라 거의 순례길 하루 일정에 버금가게 걸어 다녔다.

오전에 조식 룸서비스를 시켰다. 3.5유로라니 믿을 수가 없었다. 그럼 그렇지. 그건 조식 값이 포함되지 않은 추가비용이었다. 스페인어이고 영어이고 간에, 내 외국어 실력이 충분하다 싶은 생각이 들 때마다 이렇게 겸손하게 만드는 에피소드가 하나씩 생긴다. 빵 쪼가리 두 개에 오렌지주스, 커피를 마시고 9유로 가까이 냈다.

이날 오후에는 카미노 패밀리가 루고에 도착할 예정이라고 했다. 그들이 행군을 마치기 전에 구시가지를 둘러볼 시간을 가지고 싶어 일찍부터 밖으로 나왔다. 내가 워낙 오전시간에 게으른 스타일이다 보니, 까딱하면 그들이 오기 전에 이 도

시를 못 돌아볼 것 같았다. 사설 빨래방에 빨랫감을 맡겨두고 도시 구경에 나섰다.

유네스코 문화유산으로 지정된 루고의 성벽 안으로 들어가니 오직 보행자만 출입이 가능한 중세의 구시가지가 나오는데, 내가 알던 바로 그 스페인에 온 느낌이다. 날씨도 구름 한 점 보이지 않는 더할 나위 없이 좋은 날씨. 특히 중앙광장에 이르자 풍기는 분위기가 내가 교환학생으로 지냈던 팜플로나와 비슷해서 흥미로웠다. 두 도시는 서로 거리상으론 꽤나 먼 곳에 위치해 있지만, '스페인'으로 묶이는 하나의 문화권이 분명히 있는 것 같다.

점심식사는 어젯밤 산책 중에 눈여겨둔 중식당으로 가서 해결했다. 이역만리까지 와서 뭔 중식당이냐 싶지만, 그나마 한국음식과 비슷한 음식이라도 먹고 싶었다. 가격도 아주 착한 편. 나는 정작 한국에선 쌀밥 안 먹고도 잘 살지만, 해외로 나오면 또 막상 나흘 이상 한식을 먹지 못하면 입에 가시가 돋는다. 어째 해외여행을 하면 할수록 입맛은 더 촌놈이 되어간다.

카미노 패밀리가 오기까지 시간이 생각보다 많이 남아 좀 무리를 해서 도시 외곽의 대형 마트로 걸어가 보았다. 1시간 정도 도시 바깥으로 걸어가니, 탁 트인 도로 옆에 초대형 마트 단지가 보이는 게 꼭 미국 캘리포니아 느낌이 났다. 별 계획은 없었으나 일주일 만에 대도시로 오니 견물생심인지라, 한 손 가득 먹을거리를 챙겨 다시 1시간을 걸어 돌아갔다.

저녁은 간만에 재회한 카미노 패밀리와 함께했다. 하루 쉬면서 에너지도 충전했겠다, 다시 이들과의 토크를 즐길 수 있었다. 간만에 술잔을 기울이고 싶은 날이었지만, 하루도 쉬지 않고 걸어온 그들은 그런 체력적 여유가 없어보였다. 2차에 가는 일 없이 1차에서 반주 몇 잔만 걸치고 조출히 모임은 마무리되었다. 오스트리아 청년 요슈아는 내 호텔에 남아 있는 방에 묵었다.

Day 9 루고 ~ 아세이샤스 (32.7km)

이동시간 오전 9시 40분 ~ 오후 6시 45분 (9시간 5분) | **도보 수** 45,377보 | **등반 경사** 80층 | **지출** 숙소 6유로, 기타 12.8유로

확실히 산티아고가 가까워올수록 풍경이 무미건조해지는 것을 느낀다. 초반 며칠, 험준한 산을 오르내리며 경사진 목장을 보던 때에 비하면 사진을 찍을 만한 곳이 많이 줄어들었다. 트레킹 코스의 난이도가 낮아지며 동시에 경치는 특색이 없어지는 것 같다. 덕분에 물집의 확장세는 누그러졌지만 다 굳은살이 되었고, 엄지발가락 끝부분은 점점 감각을 잃는 것 같다. 다소 민망한 부위에도 쓰라림이 느껴지기 시작했다.

어제 저녁 헤어지기 전, 카미노 패밀리는 아침 7시에 모여서 출발하자고 이야기를 나눴지만 나는 애초에 귀담아 듣지 않았다. 그때 내가 일어나지 못하는 걸, 아니 일어나기 싫어하는 걸 스스로 잘 알고 있다. 눈을 뜨니 이미 오전 8시 반. 이 시간에 일어나서 피곤한 건 처음이지만 더 늑장을 부릴 수는 없기에 간단히 아침을 먹고 채비를 마쳤다.

1시간 정도 걸어가니 도시에서 완전히 벗어났다. 이틀간 정든 루고여, 안녕. 이어지는 순례길은 심심한 풍경의 연속이다. 잠깐씩 숲길을 지날 때는 좋았지만, 대부분 차도나 시골길로 길이 이어졌다.

밋밋한 길을 걸어가며 미래의 내 모습을 그려봤다. 퇴사 후 채 한 달도 지나지 않은 나. 언제가 되었건, 언젠가는 내가 주체적으로 사업을 하고 살아야 한다. 뭐가 한국에 아직 없는지, 어떤 것이 공유경제 아이템으로써 아직도 장래성을 가지고 있는지 등등을 생각하며 지루한 여정을 보냈다.

산로마오San Romao라는 작은 마을에 도착하니, 알베르게 앞 잔디밭에 자그마한 우체통이 있었다. 풀숲 한가운데 놓인 우체통이 신기해, 이곳에서 휴식을 취하면서 한국과 일본으로 보낼 엽서를 각각 한 통 작성해 부쳤다. 그 와중에 발랐던 자외선 차단제가 꿀 성분을 함유해서인지 날파리들이 쉴 새 없이 얼굴 근처를 얼쩡거렸다.

땡볕 아래 아무도 보이지 않는 길을 한참이나 걸으니 배에서 꼬르륵 소리가 들려왔다. 레스토랑을 발견하자마자 달려갔더니 그곳에서 카미노 패밀리의 일원인 아일랜드인 케이티Katie, 미국인 새라Sarah와 코트니Courtney를 만났다. 그곳은 대부분의 카미노 패밀리 멤버가 묵기로 한 곳이었다. 반가운 마음과 배고픔에, 스페인의 대표 간식 토르티야 데파타타스(감자가 들어간 계란말이 같은 음식)를 먹으며 이들과 1시간 이상 긴 휴식을 취했지만 나는 나만의 계획을 계속 따르기로 했다. 카미노 패밀리는 참 좋은 사람들이고 함께하면 즐거운 사람들이지만, 순례길을 온종일 수다 떨면서 — 그게 영어라서 그런 건지도 모른다만 — 걷는 건 내가 원하는 게 아니었다.

7시가 다 될 무렵 아세이샤스 공립 알베르게에 도착했다. 꽤나 넓고 쾌적한 곳인데 사람이 많지 않다. 루고에서 알게 된 몰타인 순례자 매슈Matthew를 만났으나 그의 일행이 내성적이었기에 그리 많은 이야기를 나누진 못했다.

Day 10 아세이샤스 ~ 아르수아 (28.9km)

이동시간 오전 8시 5분 ~ 오후 4시 10분 (8시간 5분) | **도보 수** 37,694보 | **등반 경사** 92층 | **지출** 숙소 10유로, 기타 16.4유로

이제 마지막 저녁이다. 감성에 젖어가는 듯 갑자기 기분이 이상해진다. 한때는 길고도 길게만 느껴졌던 2년간의 군 생활이 한순간에 종지부를 찍었던 것처럼 이 기나긴 카미노도 어느새 끝나간다. 알베르게 휴게실에서 다른 순례자들과 함께 월드컵 경기를 시청하느라 어느새 밤 11시가 다 되어 매우 피곤하지만 후기는 쓰고 자야겠다.

아세이샤스의 알베르게는 정말로 가혹했다. 8시 퇴실. 아침 이른 시각에 체크아웃을 해야 하는 건 공립 알베르게들의 공동규칙인 것 같다. 이곳은 심지어 퇴실 시간 이후 주방사용도 금지해서, 허겁지겁 아침식사를 해결하고 잠도 제대로 안 깬 상태로 하루를 시작해야만 했다. 숨 막힐 정도로 아름다운 넓은 평원에서 마룬 파이브의 〈Daylight〉 노래를 크게 틀어놓

고 걷다가 다른 순례자가 보여 볼륨을 줄였는데 가까이 가서 보니 카미노 패밀리 일원, 러시아 아줌마 이리나Irina였다. 처음 봤던 날, 그녀는 산에 오르기를 매우 힘들어했다. 그녀 때문에 모두의 걸음이 지체되었지만 이날은 흡사 홍길동처럼 매우 빨리 움직이고 있었다. 1시간 정도 같이 걷다가 커피 한 잔 하려고 멈췄더니 우연히도 그곳에는 다른 카미노 패밀리 멤버들이 모두 모여 있더라. 나는 거의 항상 카미노 패밀리보다 멀리 나아가는데, 앞선 지점에서 묵는 내가 항상 느지막하게 출발하기 때문에 이들과는 자주 만날 수밖에 없었다. 사실 내가 패밀리라고 지칭하는 이들과 알게 된 건 겨우 6일밖에 되지 않았지만, 얼핏 가족애 비슷한 것을 느끼는 것 같다. 훈련소 전우들과 느꼈던 유대감과 비슷하다고나 할까. 이 와중에 이 카페에서도 고양이, 강아지 등 귀여운 동물들이 많이 있어 사진 참 많이도 찍었다.

앤서니, 요슈아와 셋이서 간만에 같이 걸었다. 젊은 남자 셋이서 걸으니 확실히 이동속도가 혼자 걸을 때 못지않게 빨랐다. 그리고 이내 멜리데에 다다랐다. 멜리데는 도착까지 약 이틀 정도를 앞두고 프리미티보 길과 프랑스 길이 하나가 되는 지점이다. 산티아고 순례길을 걷는 이들 중 무려 70% 가까이가 걷는다는 프랑스 길과 합류하니 확실히 사람들이 늘어난 게 피부에 와 닿았다. 이미 아스투리아스에서 갈리시아로 넘어오면서 바뀌었던 풍경에 약간의 상실감을 느꼈지만, 이곳에서 또 한 차례 뒤숭숭한 기분이 들었다. 우리가 걷던 순례길은 이렇게 많은 인파가 다니는, 일종의 관광코스 느낌이 나는 곳은 전혀 아니었기 때문이다. 이제 우리가 보고 느꼈던 카미노는 다 끝나버렸다는 허전함을 지울 수 없었다. 앤서니는 이곳에 사전 예약한 숙소가 있었기 때문에 좋은 컨디션에도 불구하고 하루를 일찍 마무리했다.

이후 요슈아와 1시간 정도 둘이서 걸어 보엔테에 도착해 그가 머물기로 한 알베르게 앞의 식당에서 점심을 함께했다. 밥을 먹고 있자니 다른 카미노 패밀리 여성 멤버들이 곧 도착한다. 산티아고 순례길에서는 항상 보던 이들만을 또 보게 된다는 말이 틀리지 않다. 그리고 나는 다시 혼자가 되어 걸었다. 결국은 항상 내가 가장 멀리까지 가곤 했다.

셋이서 걸을 때부터 물집 통증이 강하게 느껴졌는데, 요슈아가 간 이후부터는 그 통증이 아주 극심해졌다. 발가락이 아닌 발바닥 한가운데 물집에 생겼는데, 이날 코스에 워낙 자갈길이 많아 문자 그대로 칼로 찌르는 듯한 고통이 엄습했다. 나중에는 한 걸음 내딛는 것조차 쉽지 않아 조심조심 걸었다. 그 상태로 대략 2시간을 걸어 목적지 아르수아에 도착할 무렵에는 거의 절뚝거리면서 걸었다.

알베르게에 체크인하자마자 발부터 확인했다. 발바닥 한가운데 커다랗게 피물집이 생겨 있었다. 이 경우 바늘로 뚫고 식염수로 소독하는 것이 정석이었지만 나는 아무것도 가지고 있지 않았다. 손톱깎이로 물집에 구멍을 내어 피를 빼내고 감염되지 않도록 메디폼을 붙였다. 한결 나아진 듯했지만 맥박이 뛸 때마다 욱신거리는 느낌 때문에 걷기가 매우 힘들었다.

워낙 일찍 목적지에 도착한지라 동네 구경을 나가보았지

만 너무 고통스러워 오래 지나지 않아 숙소로 복귀했다. 숙소에선 열흘 만에 한국인을 처음으로 만났다. 어리숙해 보였던 그 친구는 내가 별로 특별하게 느껴지지 않았는지 별 관심을 보이지 않아 그냥 인사만 나눴다. 아마 프랑스 길을 걸어온 사람이기에 한국인을 만나는 일이 전혀 생소하지 않았으리라. 숙소에선 멕시코, 아일랜드, 스페인 등 다양한 나라에서 온 순례자들과 소소한 대화를 나누다 조금 전 같이 월드컵 경기를 시청하고 하루를 마무리하려는 참이다.

내일 산티아고까지 가려면 40km를 걸어야 하는데 걱정이 태산이다. 쓰라렸던 피부가 가라앉으니 욱신거리는 피물집이 말썽이다. 마지막 날이 진짜배기 고행이 될 것 같다.

Day 11 (Final Day) ____ 아르수아 ~ 산티아고데콤포스텔라 (39.1km)

이동시간 오전 8시 15분 ~ 오후 6시 5분 (9시간 50분) | **도보 수** 50,678보 | **등반 경사** 90층 | **지출** 숙소 9유로, 기타 31.8유로

뒤늦게 부지런한 사람이 되었다. 체크아웃 의무시간도 없었지만 오전 8시가 채 안 된 시각에 모든 채비를 마치고 동네 카페에 간단히 조식을 먹으러 나왔다. 그런데 이미 셀 수 없이 많은 순례자들이 행렬을 이루며 지나가고 있었다. 그동안 내가 느지막이 하루를 시작할 때 대다수의 순례자들은 이렇게 부지런히 움직였겠구나 하는 생각이 새삼 들었다. 이 와중에 누군가가 날 부르는 소리가 들려 쳐다보니 카미노 패밀리가 지나가고 있었다. 이들은 이날 새벽 5시쯤에 나보다 도보로 2시간가량 뒤에 있는 마을에서 출발했다고 한다. 7시에 일어난 나를 스스로 부지런해졌다고 여긴 게 부끄러웠다.

조식을 마무리하고 발걸음을 옮기는데 기분이 너무나도 이상하다. 오늘이면 이 모든 순례가 끝난다니. 도저히 내 필력으로는 비슷하게 묘사할 수도 없다. 기쁨, 벅참, 슬픔 등, 분노를 제외한 거의 모든 감정들이 동시에 나를 지배했다.

마지막 코스라 그런지 순례자들이 어제보다도 더 늘어나 인산인해를 이뤘다. 어제도 말했지만 이미 내가 아는 그 '프리미티보 길'은 끝났다. 내 앞의 길은 그저 산티아고로 가는 길일 뿐이다. 마라톤 대회와도 같은 행렬에서 벗어나고 싶어 바삐 움직였지만 거의 허사였다. 앞사람들을 아무리 지나쳐도 새로운 무리가 나타났다. 의외로 스페인 현지 순례자들이 많았고, 내 앞뒤로 항상 시끌벅적한 분위기였다. 게다가 이날 유난히 높게 솟은 나무들 사이로 잘 정돈된 길을 걷는 코스가 많았기 때문인지 국내 유명한 국립공원에 놀러간 기분이었다.

한참을 걷다가 수백 개의 빈 술병으로 외관을 장식한 특이한 카페가 눈에 띄었다. 사진을 남기기 위해 잠시 발걸음을 멈췄는데 바로 눈에 띄는 건 그 안에서 쉬고 있던 카미노 패밀리. 역시 이들과는 이제 떼려야 뗄 수 없는 완벽한 하나의 그룹이 된 것 같다는 생각에 옅은 미소가 지어졌고, 동시에 이것도 오늘이 마지막이구나라는 생각에 씁쓸한 기분이 들었다. 항상 대낮에 맥주 한 잔씩으로 목을 축이는 나를 이들은 항상 신기하게 보았다. 어제와 마찬가지로 요슈아, 앤서니와 같이 걷기 시작했다.

점심시간이 되어갈 무렵, 걸음 중에 한 알베르게가 시선을 사로잡았다. 오페드루오소O Pedruozo라는 마을에 있는 알베르게 앞에 무려 백여 명의 순례자들이 진을 치고 있었기 때문이다. 그동안 봐온 알베르게는 커봤자 30명 안팎의 인원을 수용했기에 나에겐 진풍경이었다. 알고 보니 오페드루오소는 일반적으로 산티아고 도착 하루 전에 머무는 마을이라고 했다. 산티아고에 가까워질수록 알베르게의 규모도 커지는 게 아닐까 싶었다. 주인이 피자를 적극 추천하는 피자가게에서 세 명 모두 피자 이외의 메뉴로 점심을 해결했다. 전날과 마찬가지로 미리 예약한 숙소 때문에 가고 싶어도 더는 갈 수 없다는 앤서니를 뒤로 한 채 다시 요슈아와 나는 둘이 되었다. 남은 거리는 이제 20km.

점심시간을 넘겨서 마지막 기점인 오페드루오소에서 멀어지니 다시 길이 한산해졌다. 요슈아와 둘이 조용해진 산길을 걸으며 우리가 알던 그 카미노가 다시 돌아왔다는 이야기를 나누었다. 나보다 5살이나 어린 녀석이지만 이 길을 걷는 모두는 나이, 국적, 인종 불문하고 그저 같은 목표를 갖고 같은 곳으로 걸어가는 사람들이다. 이미 우리는 좋은 친구가 되어 있었다.

어느샌가부터 산티아고를 나타내는 표시석의 모습이 달라지기 시작했다. 마치 심해에서 건져낸 오랜 비석처럼 낡아 보였고, 더는 우리에게 산티아고까지의 남은 거리도 알려주지 않았다. 심지어 산티아고를 가리키는 화살표까지도 자취를 감췄고, 정말로 조가비 문양으로만 우리가 가야 할 곳을 나타내고 있었다.

시골길을 걷다 길 한복판에 태평하게 쉬고 있는 길고양이를 발견했다. 몇 번 야옹거리니 바로 다가오기에 한 번 안아주고 떠났다. 11일간 걸으면서 참 많은 길고양이들을 만났지만, 아직도 왜 길고양이들은 사람을 좋아하는 개체들과 반사적으로 회피하는 개체들, 이렇게 극단으로 나뉘는 것인지 알 수가 없다. 그리고 왜 내가 안아줄 때마다 발톱을 세우는 것인지도.

산티아고 대성당까지 약 5km를 앞둔 지점에서 목을 축이기 위해 음료수 가판대 앞에서 잠시 걸음을 멈추었다. 누군가가 반갑게 다가오기에 쳐다보니 매슈였다. 다음 날 아침 일찍 산티아고 대성당에서 열리는 미사에 참석하기 위해 이곳에서 오늘은 멈출 계획이라고 했다. 음료수 가판대 근처에 위치한 언덕 위로 거대한 조형물 옆에 하나가 눈에 띄었다. 아마도 산티아고 시내를 내려다볼 수 있는 지점인 것 같았다. 언제 또 만날지 모르는 이 친구와 함께 사진을 찍고 다시 발걸음을 재촉했다.

도착까지 채 1시간이 남지 않았다는 것을 알게 되자 괜한 감성에 젖고 싶어져서 노래를 들었다. 산티아고데콤포스텔라 시내로 진입하면서 계속 들은 노래는 〈쥬라기 월드〉 사운드트랙이었는데, 벅찬 감정을 끌어내는 것이 꽤나 이 여정의 마무리와 부합하는 음악이라는 생각을 했다. 그런데 희한하게도, 아주 궁합이 잘 맞는 음악을 들으면서도 나는 상당히 차분했다. 오히려 아침에 출발할 무렵이 가장 감정적인 순간이었던 것 같다.

마지막 5km의 거리가 생각보다 빨리 줄어들지 않았다. 동네 호수공원 한 바퀴 둘레와 엇비슷한 정도의 거리이건만, 내 발걸음이 느려진 건지 아니면 마음이 조급해진 건지 굉장히 멀게 느껴졌다. 하도 끝이 보이지 않아 도대체 얼마나 거리가 남은 건지 확인해본 시점에도 산티아고 대성당은 무려 3km나 떨어져 있었다. 이때부터 점점 요슈아의 걸음이 느려졌다. 평소에는 그렇게 빨리 걷던 녀석이 이 순간을 만끽하고 싶단다. 무슨 느낌일지 얼추 알 것 같았지만 나는 반대로 얼른 이 여정을 완주하고 싶었기에 몇 백 미터 정도 앞서서 걸었다.

그리고, 도착했다.

11일 간에 걸친 순례길이 ― 사실 대장정이라는 상투적 표현도 쓰기 싫다. 힘들었지만 전혀 길게 느껴지지 않았다. ― 막을 내린 것이다. 산티아고에 도착할 때 울음이 터지는 이들이 많다고 들었지만 나는 너무나 갑자기 찾아온 마무리에 그저 멍했던 것 같다. 커다란 감동도, 깨달음도, 감정의 쓰나미도 없었다. 오히려 허무함이라는 느낌이 나를 지배해 스스로 민망할 지경이었다. 비로소 더는 걷기도 힘든 내 발을 보았을 때야, '이제는 끝나야 하는 거구나.' 하면서 그 허무함에서 벗어날 수 있었다.

며칠이 지난 시점에서 이 후기를 작성하면서야 지난 11일에 대해서 돌아볼 수 있었다. 얼마나 아름답고도 희귀한 경험을 한 것인지, 나 스스로 인식하지 못하면서도 얼마나 많은 생각을 하면서 길을 걸었는지, 그리고 내가 만난 멋진 사람들, 입이 떡 벌어지게 만들었던 풍경들, 귀여운 동물들 등 모든 것이 뒤늦게 자주 떠오르곤 한다.

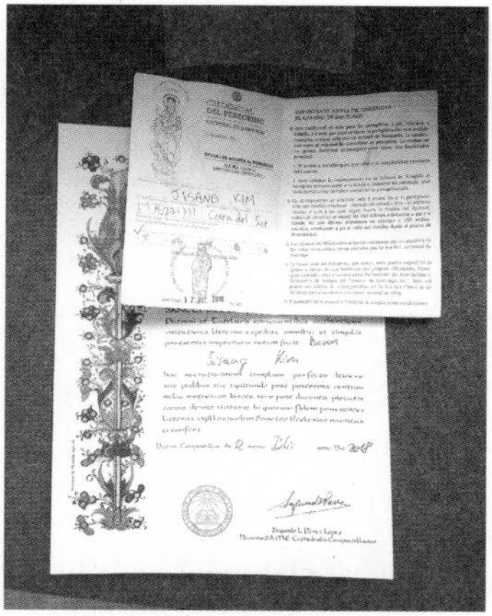

10일간의 여정 총 정리 (루고 휴식일 1일 제외)

총 이동거리 약 316.9km (일 평균 약 31.7km) | **총 소요시간** 약 88시간 5분 (일 평균 약 8시간 50분) | **평균 이동속도** 약 3.6km/h | **총 지출** 숙소비 77.3유로, 식비 및 기타 비용 168.3유로, 총 245.6유로 (당시 환율 기준 약 32만 원) (루고 휴식일의 사치를 포함한다면 54.36유로 추가, 약 39만 원)

Part 5

부록

산티아고 순례길 2017 통계

❶ 완주 순례자

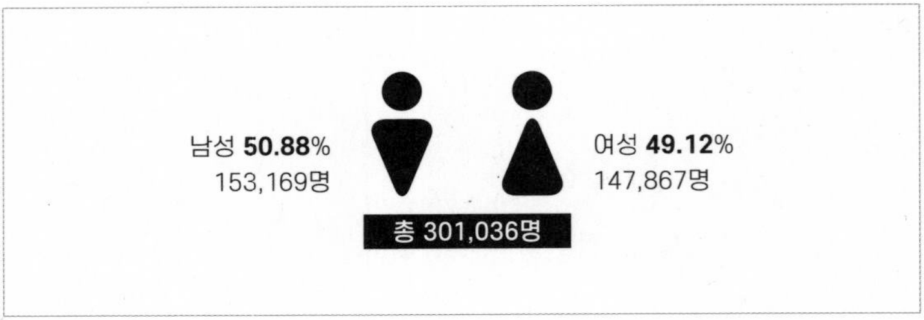

❷ 순례방법

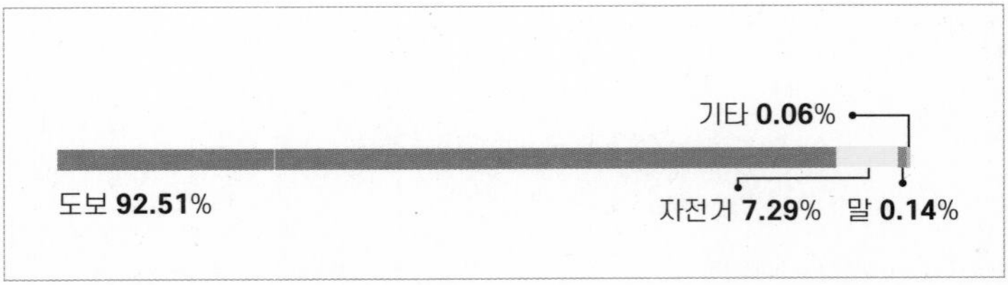

❸ 순례자 국적 Top 10

1 스페인 **44.01**% (132,479명)
2 이탈리아 **8.99**% (27,073명)
3 독일 **7.72**% (23,227명)
4 미국 **5.82**% (17,522명)
5 포르투갈 **4.3**% (12,940명)
6 프랑스**2.93**% (8,835명)
7 아일랜드 **2.21**% (6,643명)
8 영국 **1.92**% (5,768명)
9 브라질 **1.7**% (5,113명)
10 대한민국 **1.7**% (5,106명)

* 이외에도 총 150개국에서 56,330명의 순례자가 산티아고에 왔다. (18.7%)
* 아시아권에서는 유독 한국 순례자가 많은 편이다. 일본(1,474명, 0.49%), 중국(1,045명, 0.35%)에서 온 순례자들과는 꽤 차이가 있다.
* 모나코, 방글라데시, 가봉 등 29개국에서는 단 1명씩의 순례자만이 산티아고에 도착했다.

❹ 선택한 순례길

프랑스 길 Camino Francés **60.04**% (180,737명)
포르투갈 길 Camino Portugués **19.68**% (59,233명)
북쪽 길 Camino del Norte **5.92**% (17,836명)
프리미티보 길 Camino Primitivo **4.55**%(13,685명)
영국 길 Camino Inglés **3.76**% (11,321명)
은의 길 Vía de la Plata **3.04**% (9,138명)
기타 **3.01**% (9,086명)

❺ 순례를 시작한 지점 Top 10

1 **사리아** (프랑스 길, 79,717명) **26.48**%

2 **생장피드포르** (프랑스 길, 33,177명) **11.02**%

3 **포르투** (포르투갈 길, 22,335명) **7.42**%

4 **투이** (포르투갈 길, 20,139명) **6.69**%

5 **레온** (프랑스 길, 11,614명) **3.86**%

6 **페롤** (영국 길, 10,822명) 3.59%

7 **세브레이로** (프랑스 길, 10,130명) **3.37**%

8 오비에도 (프리미티보 길, 7,903명) **2.63**%

9 **폰페라다** (프랑스 길, 7,656명) **2.54**%

10 **발렌사도미뇨** (포르투갈 길, 6,982명) **2.32**%

* 산티아고 순례길은 위에 언급된 6가지 길 이외에도 수십 개의 경로가 유럽 전역에 퍼져 있다.

* 117명의 순례자는 무려 프랑스 파리에서 출발해 1,731km를 걸어 산티아고에 이르렀다고 한다.

* 상상할 수 없이 먼 곳에서 출발한 순례자들도 있다. 러시아와 그리스에서 출발한 사람이 1명씩 있었고, 이외에도 핀란드에서 4명, 헝가리에서도 5명이나 출발했다고 한다.

❻ 프리미티보 길을 시작한 지점

오비에도 7,903명, **57.75**% (산티아고까지 321.4km)

루고 3,720명, **27.18**% (산티아고까지 100.7km)

폰사그라다 607명, **4.44**% (산티아고까지 156.4km)

기타 아스투리아스 지역 393명, **2.87**%

❼ 순례자들의 직업 Top5

1 **일반 회사원** (77,224명) **25.65**%

2 **학생** (56,478명) **18.76**%

3 **퇴직자** (37,894명) **12.59**%

4 **자영업** (33,139명) **11.01**%

5 **기술자** (32,099명) **10.66**%

* 산티아고 순례길을 걷는 성직자나 종교인의 비율은 의외로 채 1%도 되지 않는다고 한다.

출처 산티아고 순례자 사무소

출발 전 여행하기
: 오비에도와 그 근교 도시들

기왕 멀리 스페인까지 떠나온 만큼 여유 기간이 더 있는 사람들은 도보 순례를 시작하기 전 하루나 이틀 정도 편안한 마음으로 주변을 관광 겸 둘러보고 나서 본격적인 여정을 시작하는 것도 좋다.

❶ 오비에도(Oviedo)

오비에도는 프리미티보 길의 출발점이자 동시에 경로상에서 가장 큰 도시이다. 오비에도 대성당를 비롯해 아름다운 성당을 많이 볼 수 있다. 아스투리아스 전통주 '시드라'를 파는 가게들이 모여 있는 시드레리아Sidrería 거리가 유명한데 저녁 무렵 방문해보는 것을 추천한다.

❷ 히혼(Gijón)

오비에도에서 버스나 기차 등의 대중교통을 이용하여 편도 약 30분 거리에 있는 히혼은 오비에도보다도 더 인구가 많은 해안 휴양도시로서 가볍게 당일치기로 보고 오기 안성맞춤인 곳이다. 서핑을 즐길 수 있는 산로렌소 해변Playa de San Lorenzo, 아름다운 구시가지에서 산책을 즐길 수 있는 시마데비야Cimadevilla 등이 주요 관광 명소이다.

❸ 콜룽가(Colunga)

아스투리아스 전통주 시드라 하나만을 위해서 기꺼이 가 볼 만한 곳이다. 버스로 약 1시간 30분 정도 걸린다. 유명한 시드라 양조장 '시드라 크레스포Sidra Crespo'를 강력히 추천한다. 그리고 인근에 위치한 라스트레Lastre에서는 아름다운 바다의 경치를 볼 수 있어 콜룽가와 묶어서 방문하기 좋다.

❹ 쿠디예로(Cudillero)

작은 어촌에 불과하지만 아스투리아스의 수많은 해안 마을 중에서도 손꼽힐 정도로 아름다운 곳이다. 바다 바로 옆 산기슭에 위치해 내려다보기도 좋고, 차가 다니지 않아 산책을 즐기기 좋다고 한다. 기차로 약 1시간 30분 정도 걸린다.

❺ 루아르카(Luarca)

'하얀 마을'로 알려진 루아르카 역시 쿠디예로 못지않게 아름다운 해안 마을이다. 버스로 이동할 수 있으며 약 1시간 40분 정도 소요된다. 등대 옆에서 보는 경치가 하이라이트이며, 마을 아래로 내려가 항구 쪽을 산책하기도 좋다고 한다.

도착 후 여행하기
: 피니스테라와 포르투

어렵게 도착한 산티아고. 바로 한국으로 향하자니 아쉬움이 남는다. 이 아쉬움을 달랠 수 있는 마지막 여행지가 두 군데 있어 추천한다.

❶ 피스테라/피니스테레(Fisterra/Finisterre)

갈리시아어로 피스테라, 스페인어로는 피니스테레라고 불리는 곳은 산티아고에서 연장되는 순례길이 완전히 끝나는 '세상의 끝'이다. 야고보의 무덤이 있는 곳은 산티아고데콤포스텔라이지만, 더는 나아갈 곳이 없는 대륙의 끝까지 가는 것에 의미가 부여되어 매일 많은 순례자들이 이곳을 찾고 있다.

산티아고에서 계속 도보 순례를 지속할 경우 피스테라에 도착하기까지는 약 5일 정도(약 151km)가 소요된다. 이미 머나먼 길을 걷느라 녹초가 되어 있을 순례자들에겐 결코 만만한 일정이 아닐 텐데, 다행히 많은 회사에서 당일치기 버스투어를 진행하고 있다. 굳이 피스테라의 절벽까지 도보로 가는 일에 의미를 두지 않는다면 시간과 금액 모두 절약할 수 있는 좋은 방법이다. 하루 동안 약 30~40유로 선의 금액으로 피스테라는 물론 묵시아Muxia 등 갈리시아의 작고 예쁜 해안 도시들까지 돌아보고 올 수 있다.

❷ 포르투(Porto)

이곳은 사실 스페인 산티아고와는 다소 거리가 있는 포르투갈의 도시이다. 약 4~5시간 정도 버스를 타야 하므로 당일치기로는 절대 갈 수도 없다. 하지만 한국인 입장에서 따로 포르투갈을 방문할 기회가 평소 많지 않을 것이므로 이틀 이상의 시간 여유가 있는 경우 꼭 가보기를 추천한다. 피스테라와 마찬가지로 카미노를 마친 많은 순례자들이 찾는 곳이다.

포르투는 무엇보다 도루 강변의 아름다운 경치가 핵심이다. 특히 루이스 1세 다리가 보이는 리베이라Ribeira 광장은 낮과 밤, 각각 색다르지만 모두 화려하고 눈부셔 반드시 들러봐야 하는 곳이다. 강 건너 광장 맞은편에 위치한 수도원 언덕 역시 놓치지 말아야 할 장소. 개인적으로 유럽에서 세 손가락 안에 꼽힐 만한 뛰어난 전망 스팟이 아닐까 생각한다.

'포트와인'으로 알려진 포르투 특유의 와인을 맛보기 위해 와이너리 투어를 하는 것도 빼놓을 수 없는 경험이다. 포트와인은 일반 와인에 비해서는 꽤나 독한 약 20도의 알코올 도수와 함께 아주 달콤한 맛을 자랑하는 매우 독특한 술이다. 와이너리 여러 곳을 도는 여행 상품들도 다양하게 준비되어 있지만, 멀리 갈 것 없이 리베이라 광장 맞은편에 위치한 많은 와이너리 중에서 한 곳만 방문해서 견학 · 시음을 해도 충분히 만족스럽다.

2주 만에 다녀오는
산티아고 프리미티보

인쇄일 2019년 3월 25일
발행일 2019년 4월 5일

지은이 김지상
펴낸이 김순일
펴낸곳 미래문화사
등록번호 제2014-000151호
등록일자 1976년 10월 19일
주소 경기도 고양시 덕양구 고양대로 1916번길 50 스타캐슬 3동 302호
전화 02-715-4507 / 713-6647
팩스 02-713-4805
홈페이지 www.miraepub.co.kr

ISBN 978-89-7299-502-9 (13980)

이 도서의 국립중앙도서관 출판예정도서목록(CIP)은 서지정보유통지원시스템 홈페이지(http://seoji.nl.go.kr)와 국가자료종합목록시스템(http://www.nl.go.kr/kolisnet)에서 이용하실 수 있습니다. (CIP제어번호 : CIP2019010452)